国家级一流本科课程主讲教材

机械制图实验指导

（第3版）

姜杉　徐健　喻宏波　主编

天津大学出版社
TIANJIN UNIVERSITY PRESS

内容提要

本实验指导书紧密围绕新时代高等教育人才培养目标，以“夯实实践基础、激发创新思维、强化工程素养”为核心理念编写。本教材为国家级一流本科课程“工程图学”的指定教材。与普通高等教育“十一五”国家级规划教材《机械制图》(第4版)《现代工程图学》《工程图学虚拟仿真实验》配套使用。全书严格遵循高等学校工程图学课程教学指导分委员会制定的“普通高等院校工程图学课程教学基本要求”和现行国家标准编写。

本书旨在指导学生进行实体和虚拟仿真实验，更好地体现机械制图系列课程理论与实践相结合的教学过程，并通过先进实验方法和手段的介绍，提高学生的创新能力和动手能力。

全书共9章，包括仪器图绘制指导、徒手草图绘制指导、典型零件测绘指导、典型部件测绘指导、AutoCAD软件基本操作应用指导、Pro/ENGINEER软件基本操作应用指导、SolidWorks软件基本操作应用指导、先进实验技术简介和工程图学虚拟仿真实验指导。

本书适合32~128学时大、专院校机械类、近机械类和非机械类专业师生使用。

图书在版编目（CIP）数据

机械制图实验指导 / 姜杉，徐健，喻宏波主编. 3版. -- 天津 : 天津大学出版社, 2025. 7. -- （国家级一流本科课程主讲教材）. -- ISBN 978-7-5618-8017-3

Ⅰ. TH126-33

中国国家版本馆CIP数据核字第2025965VA2号

JIXIE ZHITU SHIYAN ZHIDAO(DI 3 BAN)

出版发行 天津大学出版社
地　　址 天津市卫津路92号天津大学内（邮编：300072）
电　　话 发行部：022-27403647
网　　址 www.tjupress.com.cn
印　　刷 天津泰宇印务有限公司
经　　销 全国各地新华书店
开　　本 787mm×1092mm　1/16
印　　张 10.75
字　　数 268千
版　　次 2025年7月第3版　2020年12月第2版　2015年12月第1版
印　　次 2025年7月第1次
定　　价 33.00元

前　言

在“新工科”建设与智能制造国家战略双轮驱动的新时期，机械制图作为工程语言的本质属性正在发生深刻变革。本书编写团队依托国家级一流本科课程建设平台，积极响应教育部“深化实践教学改革，培养卓越工程人才”的号召，以培养大学生创新精神和创新实践能力为基本目标，开展本实验指导书的编撰工作，旨在通过系统性实践训练，帮助学习者筑牢机械制图实践根基、培育工程创新思维、培养符合新时期需求的现代工程素养。本书是作者结合多年的教学经验和近几年的教学改革成果编写而成的。

本书与普通高等教育“十一五”国家级规划教材《机械制图》(第4版)《现代工程图学》《工程图学虚拟仿真实验》配套使用。书中内容涵盖传统手工绘图、CAD制图、零部件测绘、现代测绘技术和虚拟仿真实验等五大模块，形成“基础规范－综合应用－创新设计”的梯度化培养路径。其中：第1～4章主要介绍了传统的绘图、测绘内容，从仪器图到徒手草图，从典型零件测绘到典型部件测绘，内容由浅到深。配合教材，学生能够对教学内容从部分到整体有一个循序渐进的认识，以提高学生的手工绘图能力及读图能力；第5～7章介绍了三种常用的计算机辅助设计工具(AutoCAD软件、Pro/ENGINEER软件及SolidWorks软件)的基本操作应用，学生在掌握机械制图基本画图能力的基础上，运用软件可进行零件设计及工程图制作；本书第3版对第8章“先进实验技术简介”进行修订，重新编写了“三维测量技术简介”“三维重建技术简介”和“3D打印技术简介”；第9章对升级后的“工程图学虚拟仿真实验指导”进行了重新修订，内容包括三层次九模块的实验内容的指导；通过计算机模拟和3D成型的交互对照，培养学生主动性、探究式学习习惯。营造以学生为中心、自主活动为基础的新型教学过程，大力推进教学活动由“教”向“学”，再向“行”的转变，使教学活动建立在学生自主活动、主动探索的基础上，进而形成有利于学生自主精神、创新意识、创新能力培养的教学环境。同时对书中内容和图例按照现行国家标准进行了更新。

本书是首批国家级一流本科课程的主讲教材，该课程实现了线上与线下一体化教学，重点解决了以下问题：

①创新型人才培养的需求与工程图学实验项目缺乏，不能完成人才培养目标之间的矛盾；

②在线课程运行中，学习者不断增加与实验教学内容缺乏之间的矛盾；

③工程图学教学中空间思维能力培养与实物教具无法实时体现之间的矛盾。

对于实验内容，各学校可以根据课程设置具体情况，视条件进行教学，全书内容可根据需要和不同对象，作选择性教学或自学。

本书由姜杉、徐健、喻宏波主编。全书分为9章，参加编写的人员有：胡明艳、徐健、安蔚瑾、林孟霞、姜杉、丁伯慧、田颖、郑淑贤、喻宏波。徐健老师为教材的统稿和校对做了大量的工作,在此表示感谢。

编者在编写本书的过程中,参考了部分同专业的教材、指导书等文献,在此向文献的作者表示感谢。

由于编者水平有限,书中错误之处在所难免,恳请读者批评指正。

编　者
2025 年 3 月

目　录

第1章 仪器图绘制指导

1 几何作图

1.1 实验目的

①了解《技术制图》和《机械制图》国家标准的有关规定。
②能够正确使用绘图工具和仪器。
③掌握图线连接的作图方法。
④能够正确分析平面图形的尺寸和图线类型。
⑤掌握几何作图和尺寸标注的方法和步骤。

1.2 实验要求

根据平面图形,正确选择图纸幅面,借助绘图工具绘制一幅仪器图并标注尺寸。

1.3 实验工具

图板,丁字尺,三角板,圆规,分规,H、HB 和 B 铅笔,小刀,橡皮,胶带纸,图纸等。

1.4 实验内容及步骤

1.4.1 几何作图 A

将图 1-1 所示平面图形按 1:1绘制在 A4 图纸上,图名为“几何作图”,图号为“JHZT-A”。

(1)尺寸分析和图线分析

图 1-1 中定形尺寸主要包括 *R*30,*Φ*30,*R*8,36,*R*75,*R*15,*R*30,定位尺寸主要包括水平方向的 35、10、40,竖直方向的 90。绘制图 1-1 时,以上方 *Φ*30 的水平中心线和竖直中心线为尺寸基准。

图 1-1 中已知弧包括上方的 *R*30,*Φ*30 和下方的 *R*30,*R*15,它们可直接画出。中间弧 *R*8 利用与已知图线的连接关系求出圆心和切点;连接弧 *R*75 利用与上下 *R*30 的外切关系找到圆心并求出切点,以切点为界画出中间弧和连接弧。

(2)绘图前的准备

将绘图工具准备好,洗净双手,根据图形特点选取绘图比例,确定图纸幅面,并将图纸正面朝外固定在图板适当位置。

(3)画图框和标题栏、图形布局

按照国标规定画出图框和标题栏,根据图形的尺寸确定图形位置,然后绘制出主要基准线,如图 1-2 所示。

(4)绘制底稿

绘制图形的主要轮廓。首先是已知线段和已知弧,其次按照尺寸及相切条件绘制中间线

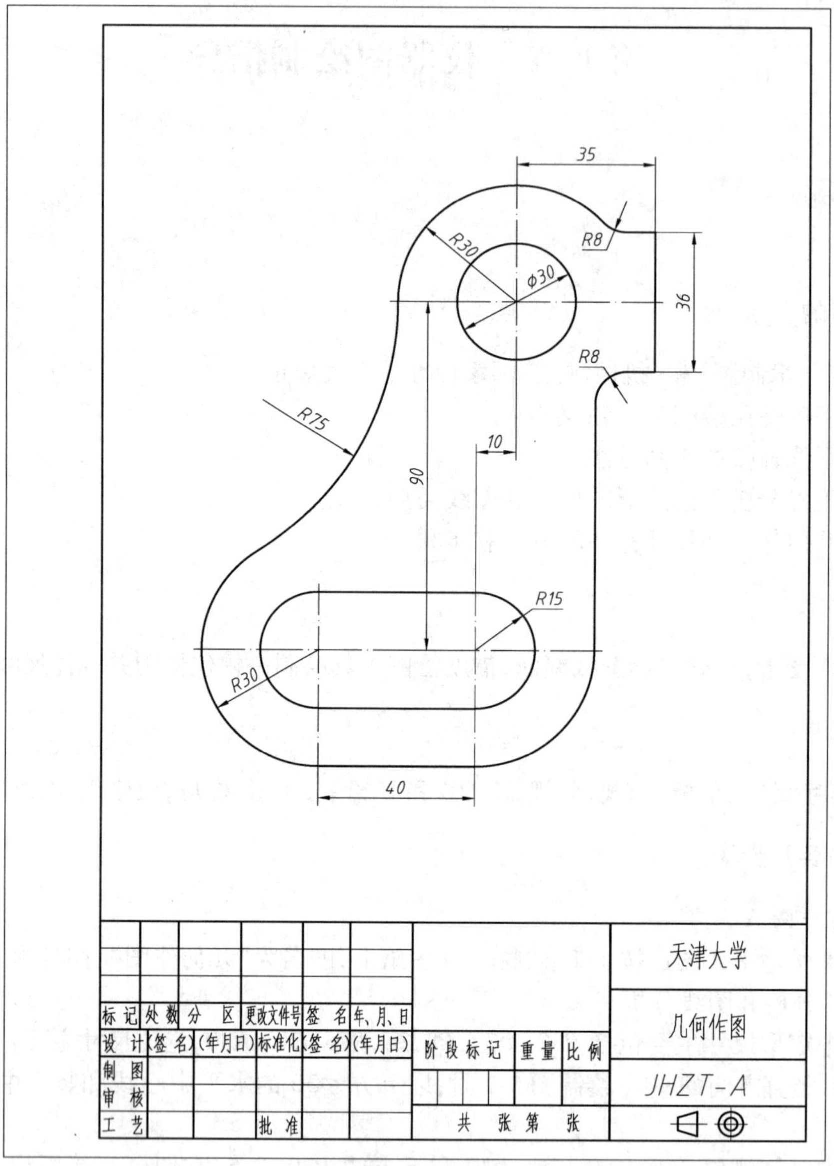

图 1-1 几何作图 A

段和中间弧，最后绘制连接弧，如图 1-3、图 1-4 所示。

(5)检查并整理图线

检查，擦去不要的图线，然后画出尺寸界线和尺寸线，完成底稿，如图 1-5 所示。

(6)加深图线，完成全图

按照先圆弧后直线和先细线后粗线的顺序分别描深粗实线和其他细线，注写尺寸数字，画箭头，填写标题栏，完成全图，如图 1-1 所示。

1.4.2 几何作图 B

将图 1-6 所示平面图形按 1∶1绘制在 A3 图纸上，图名为“几何作图”，图号为“JHZT-B”。

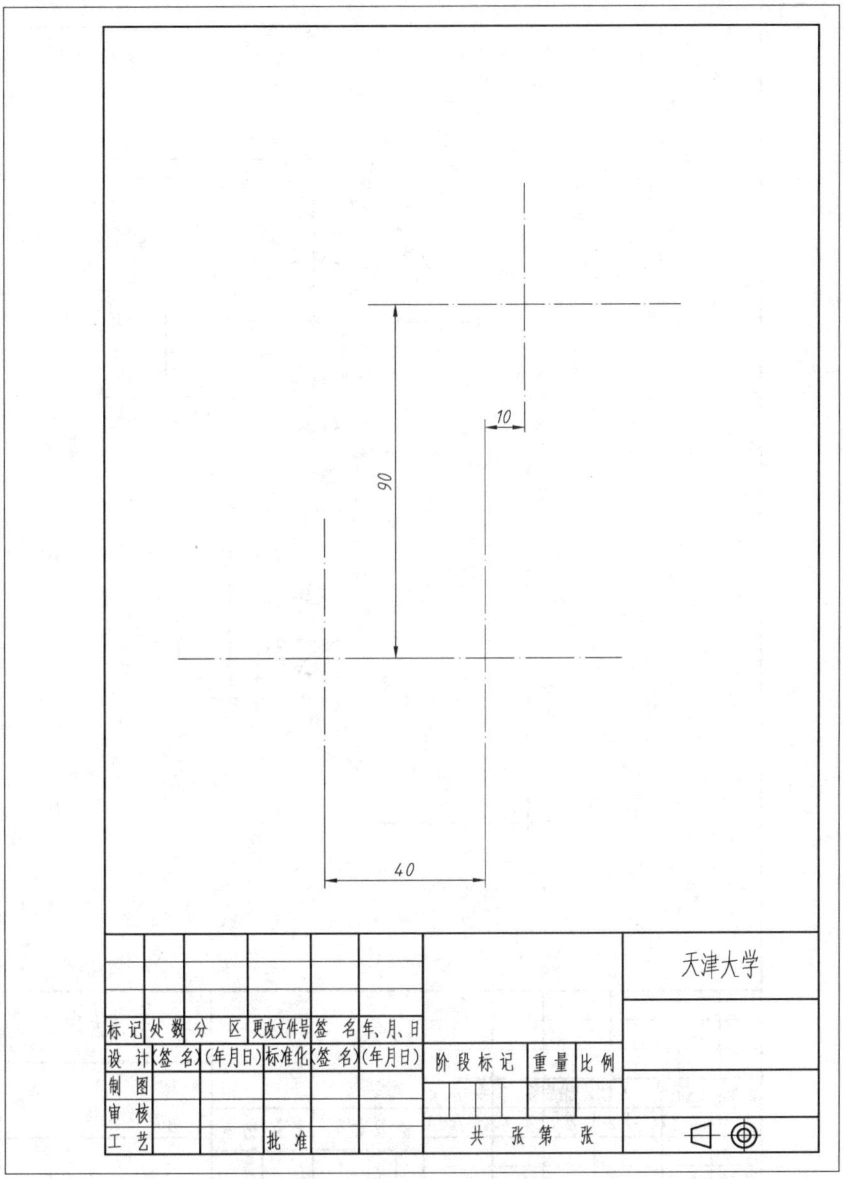

图 1-2　图形布局，绘制基准线

(1) 尺寸分析和图线分析

图 1-6 中定形尺寸主要包括 Φ62，Φ112，*R*56，*R*20，*R*34，*R*12，*R*30 和 *R*75 等，定位尺寸主要包括水平方向的 90，70，263，垂直方向的 *R*107，30°，45°和 Φ40 为 *R*75 圆弧的定位尺寸。绘制图 1-6 时，以 Φ112 圆的水平中心线和垂直中心线为尺寸基准。

图 1-6 中已知弧包括 Φ62，Φ112，*R*34，*R*12 和 *R*30，它们可直接画出，中间线段包括与圆弧相切的线段和中间弧 *R*75，利用上下与 Φ40 的外切关系求出圆心和切点，连接弧包括 *R*56，*R*20 和 *R*9，分别利用与已知图线或中间弧的连接关系找到圆心和切点，最后画出。

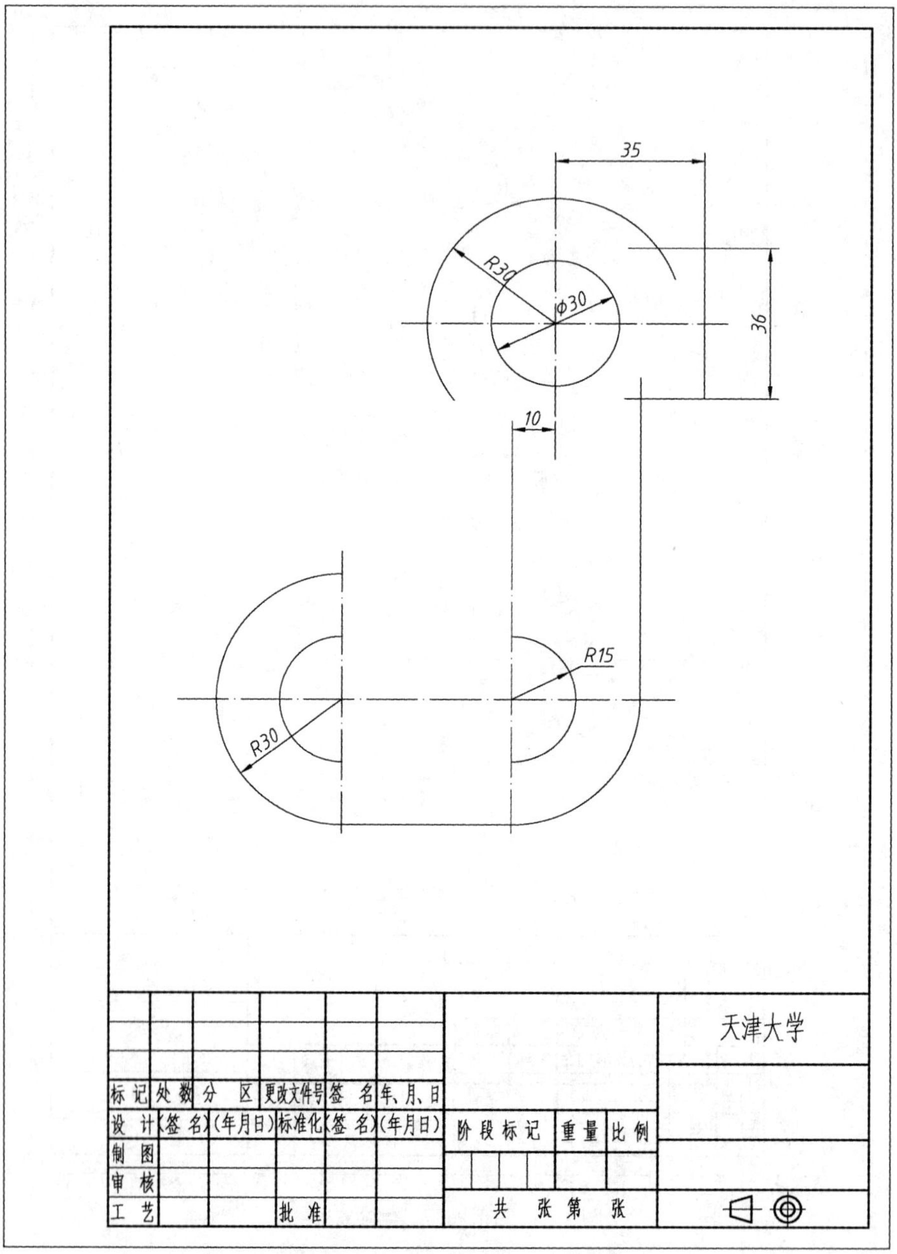

图 1-3　绘制已知线段和已知弧

(2)绘图前的准备

将绘图工具准备好,洗净双手,根据图形特点选取绘图比例,确定图纸幅面,并将图纸正面朝外固定在图板适当位置。

(3)画图框和标题栏、图形布局

按照国标规定画出图框和标题栏,根据图形的尺寸确定图形位置,然后绘制出主要基准线,如图 1-7 所示。

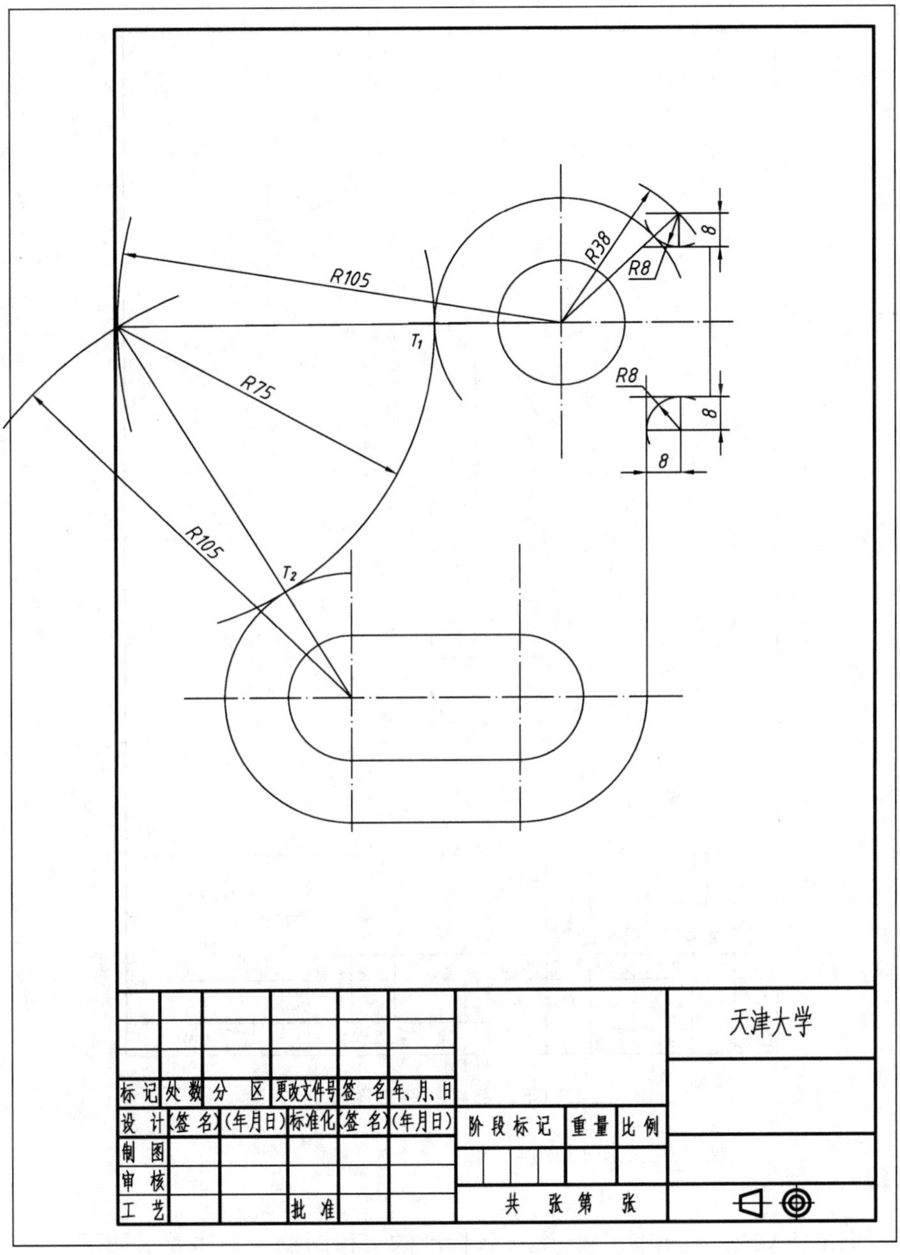

图 1-4　绘制中间弧和连接弧

(4)绘制底稿

绘制图形的主要轮廓,首先是已知线段和已知弧,如图 1-8 所示,其次按照尺寸及相切条件绘制中间线段和中间弧,最后绘制连接弧,如图 1-9 和图 1-10 所示。

(5)检查并整理图线

检查并擦去不要的图线,然后画出尺寸界线和尺寸线,完成底稿。

(6)加深图线,完成全图

按照先圆弧后直线和先细线后粗线的顺序分别描深粗实线和其他细线,注写尺寸数字,画箭头,填写标题栏,完成全图,如图 1-6 所示。

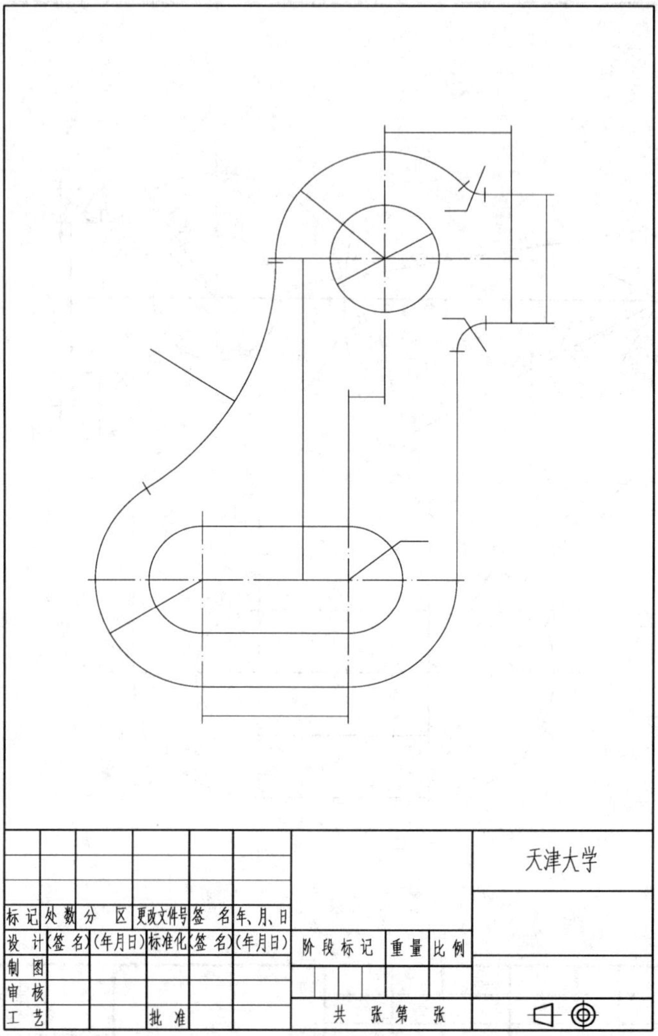

图 1-5 检查并整理图线

1.5 实验报告

根据几何作图 A 或几何作图 B 提交一张标准的工程图纸。具体要求如下：

①绘制符合国标规定的图框和标题栏；

②图形布置要匀称、美观；

③线型要符合国标要求，粗线宽度为 0.7 mm，细线宽度为 0.35 mm；

④尺寸标注要符合国标要求，尺寸数字使用 3.5 号字；

⑤图中汉字用长仿宋体，标题栏内的单位名称、图样名称及图样代号用 10 号字，其他用 5 号字，姓名及日期写在“制图”的右侧栏。

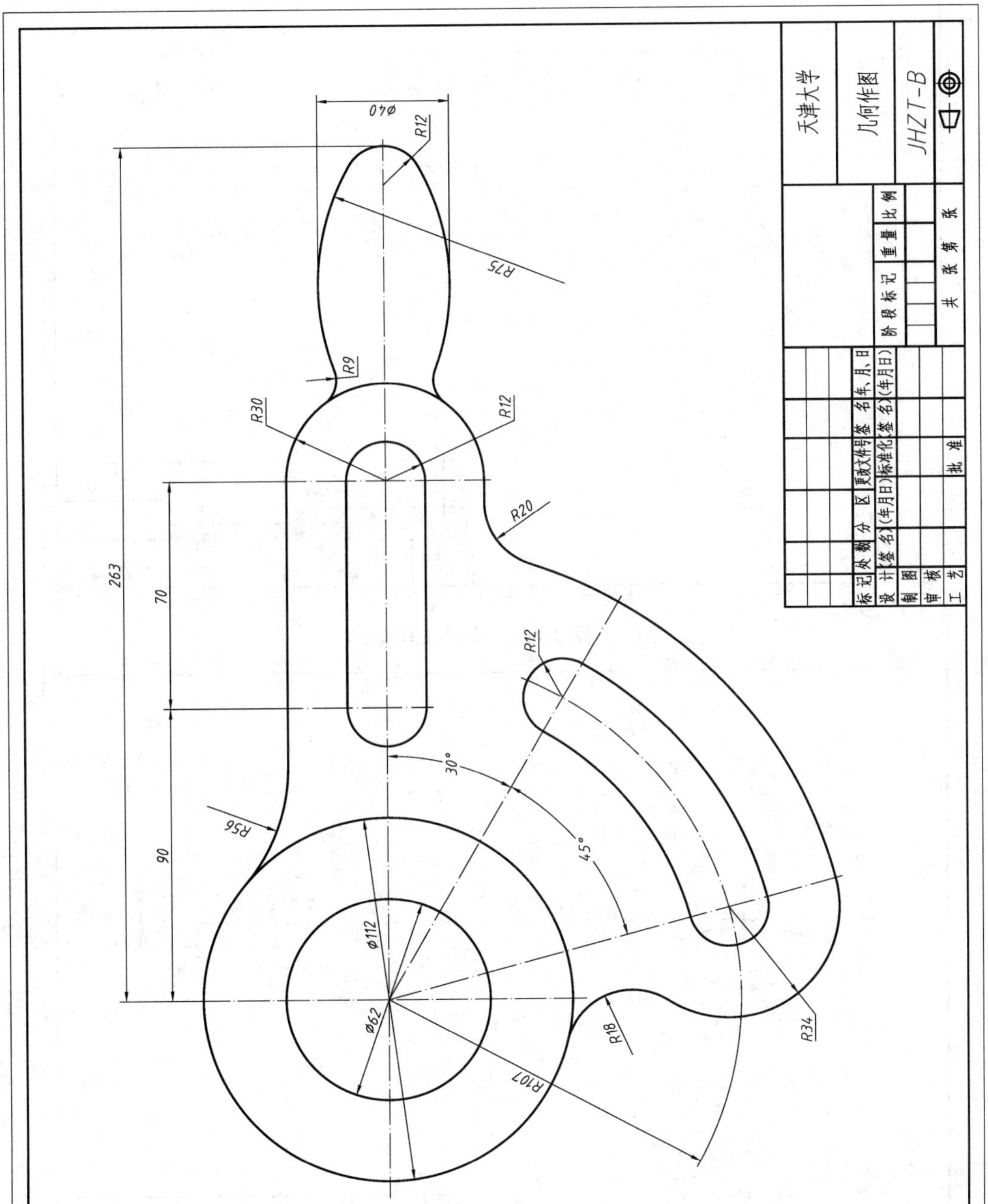

天津大学
几何作图
JHZT-B
标记 处数 分区 更改文件号 签名 年、月、日
设计 (签名) (年月日) 标准化 (签名) (年月日)
阶段标记 重量 比例
制图
审核
工艺
批准
共 张 第 张
φ40
R12
R75
R9
R30
R12
R20
263
70
90
R12
30°
45°
R56
φ112
φ62
R107
R18
R34

图 1-6　几何作图 B

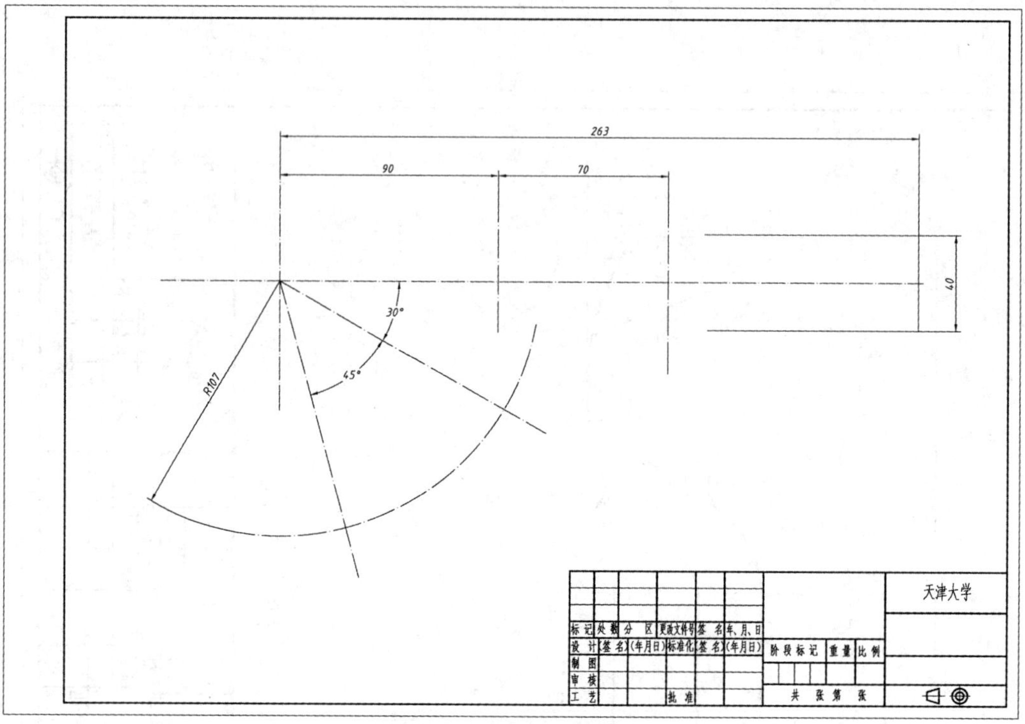

图 1-7 图形布局,绘制基准线

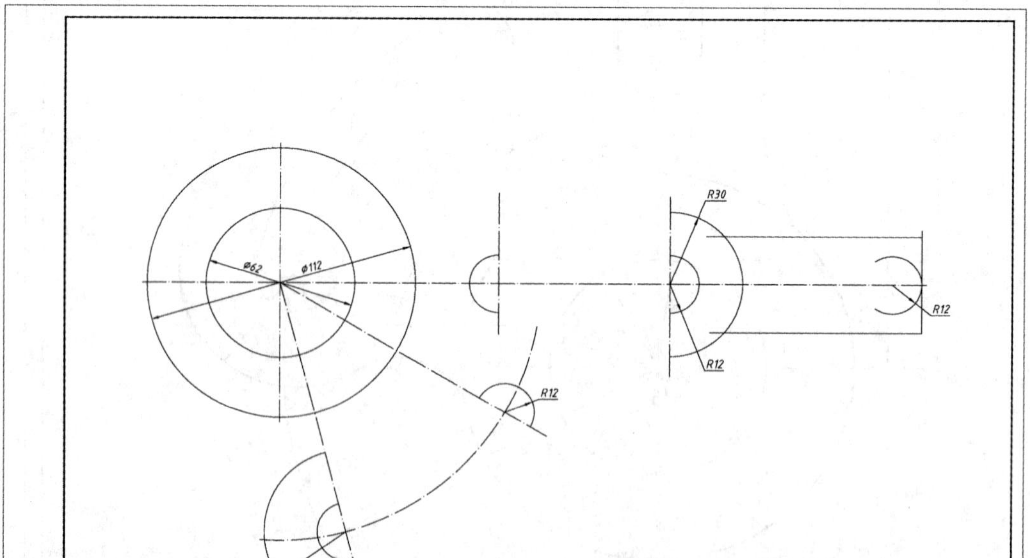

图 1-8 绘制已知线段和已知弧

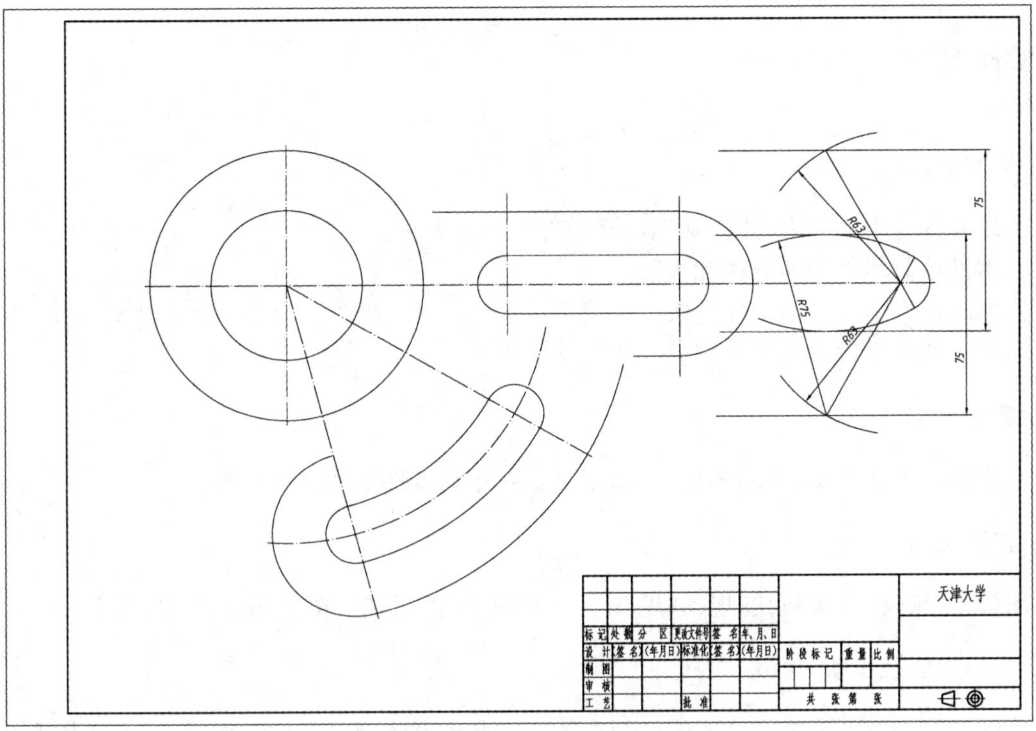

图 1-9　绘制中间弧

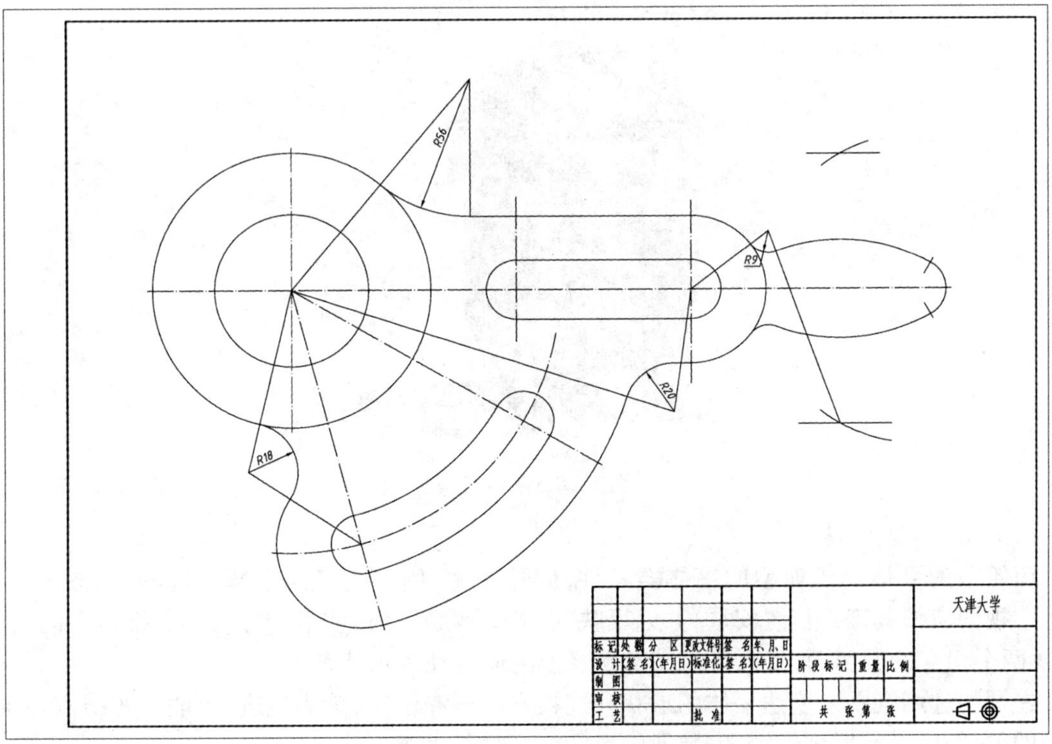

图 1-10　绘制连接弧并整理图线

2 零件图绘制

2.1 实验目的

①培养构型表达能力,能正确地选择零件的表达方法。
②掌握绘制零件图的方法和步骤。
③熟练掌握零件图的尺寸注法。
④掌握注写零件图技术要求的方法。

2.2 实验要求

正确选择表达方案,绘制零件图,标注尺寸并注写零件图的技术要求。

2.3 实验工具

图板,丁字尺,三角板,圆规,分规,H、HB 和 B 铅笔,小刀,橡皮,胶带纸,图纸等。

2.4 实验内容及步骤

将图 1-11 所示泵体按 1∶1 比例绘制在 A3 图纸上,图名为“泵体”,图号为“PT1-04”,如图 1-12 所示。

图 1-11 泵体造型

(1)确定表达方案

齿轮泵的泵体属于典型的箱体类零件,应选用主、俯、左、右四个基本视图,如图 1-13 所示。主视图应按其工作位置安放,并以反映其内部形状特征最明显的方向作为投射方向,选用 $A-A$ 两个相交的剖切面,将泵体内部及与泵盖的连接孔表示清楚。

左视图选用视图来表达泵体的形状和连接孔的分布情况,为表达进、出油口的结构与泵体内部的关系,应进行局部剖视,安装孔的形状也应局部剖视。

俯视图主要表达泵体底板及连接部分的形状,取 $B-B$ 全剖视图。

右视图采用视图表达泵体外形。

(2)绘图前的准备及图形布局

泵体的布局如图1-12所示。

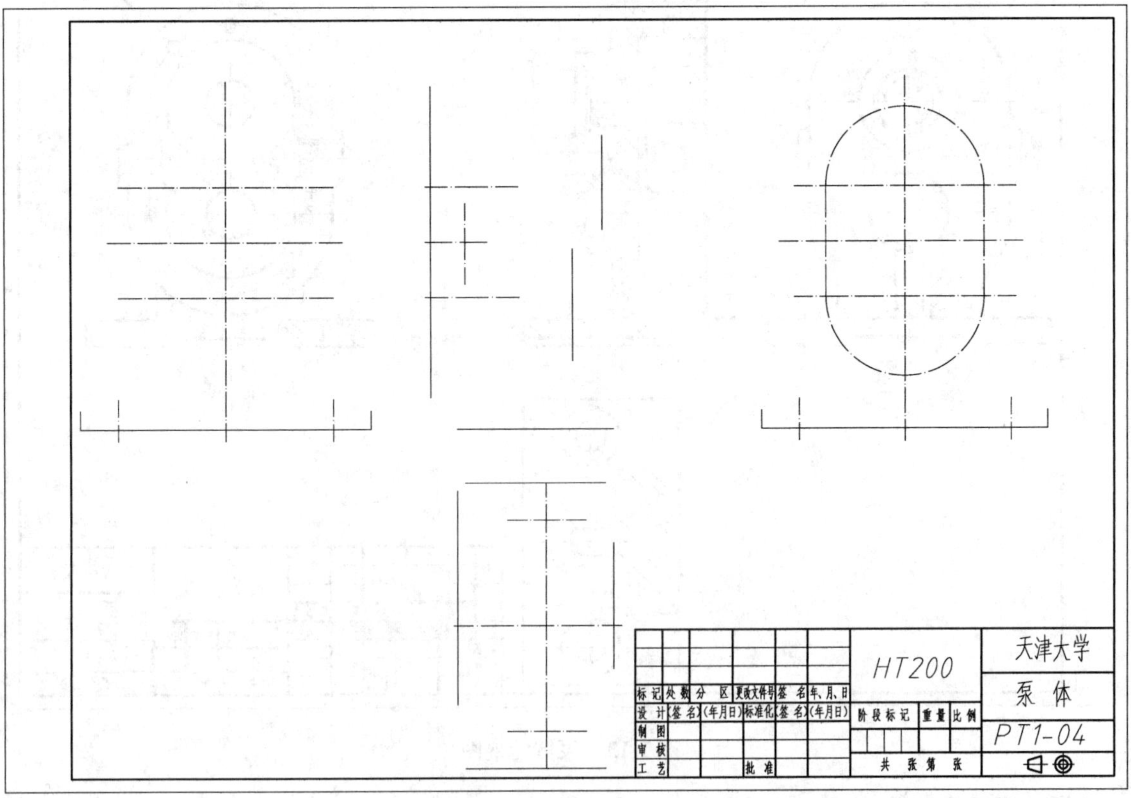

图1-12 泵体的布局

(3)绘制底稿

根据选定的方案,详细画出零件的内外部结构和形状,注意细小结构,如铸造圆角、倒角、倒圆、退刀槽、砂轮越程槽、凸台和凹坑等必须画出,如图1-13所示。

(4)注写尺寸和技术要求

按照相关规定标注泵体表面结构要求,主要尺寸的精度包括泵体的两轴线的距离、轴线与底面的距离以及有配合的尺寸等,其他需要说明的技术要求也应注写清楚。

(5)完成全图

检查全图,填写标题栏,加深图线,完成绘图,如附图3所示。

2.5 实验报告

一张标准的工程图纸应具有以下要求:

①绘制符合国标规定的图框和标题栏;

②图形布置要匀称、美观;

③线条应区分出各种线型,粗线宽度为0.7 mm,细线宽度为0.35 mm;

④尺寸标注要符合国标要求,尺寸数字使用3.5号字;

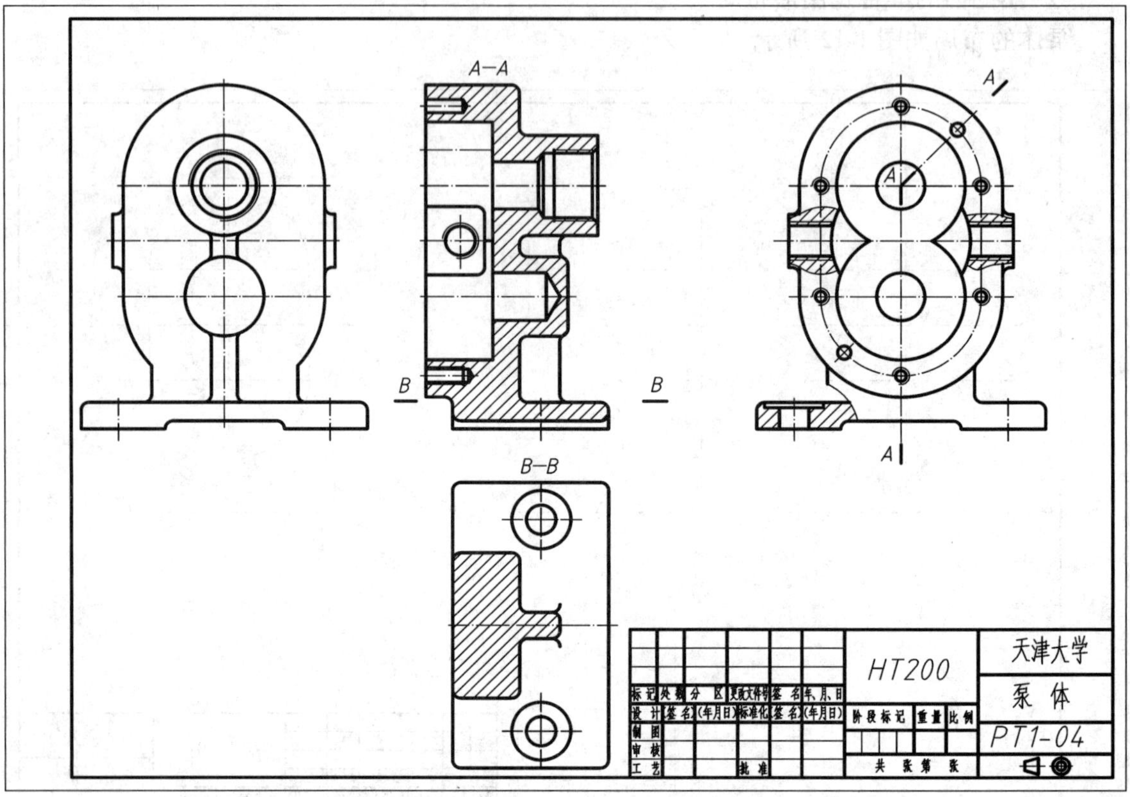

图 1-13 泵体的视图

⑤注明技术要求,包括表面结构、尺寸公差等内容;

⑥图中汉字用长仿宋体,标题栏内的单位名称、图样名称、图样代号及材料标记用 10 号字,其他用 5 号字,姓名及日期写在“制图”的右侧栏。

思考题

1. 简述平面图形的作图步骤。
2. 试述尺寸标注的基本规则及常用尺寸的注法。
3. 组合体和零件图的绘图有哪些区别?应该注意哪些内容?
4. 简述零件图尺寸标注的方法和步骤。
5. 试述如何读懂零件图。

第2章 徒手草图绘制指导

1 组合体造型

1.1 实验目的

①能够正确利用形体分析法分析组合体的组合形式和表面连接关系，通过简单立体之间堆积、相交和相切的组合，构成不同形状的组合体。

②掌握草图的徒手绘制方法。

③掌握组合体三面投影图的画法。

④正确使用测量仪器测量组合体的基本尺寸。

⑤能够正确标注组合体的尺寸。

1.2 实验要求

构思拼装模型，将若干的简单立体模型组合拼装成组合体，徒手画出其三面投影图，利用CAD软件进行三维造型，并投影其工程图。

1.3 实验工具

1.3.1 实验工具

可拆装组合体模型（专利号：ZL2010202087755.0），游标卡尺、直尺、内卡钳、外卡钳等测量工具。

1.3.2 拆分式组合体实训教学模型使用说明

（1）模型功能

拆分式组合体实训教学模型包括多个具有组合体结构特征的单元体，每套90余种零件单元，单元体之间采用磁铁吸力联结成一组合体模型，该模型具有良好的拆分性和组合性。使用者可以根据自己的意愿，利用其中的特征单元，以堆积、相交或相切的形式拼接成各种形式的组合体，在此基础上确定该组合体的表达形式，画出相应的二维工程图，在认知多种形体结构和组合方式的同时锻炼空间思维能力。只要零件单元的结构条件许可，拼装构型过程一般可随意进行，无特殊的限制要求。

（2）模型种类

一般情况下，以“DIB”为字头（刻印在零件单元表面）的零件单元具有底板的功用，带有磁铁；以“DINGB”为字头的零件单元具有顶板的功用，带有磁铁；以“LEIB”为字头的零件单元具有肋板的功用；以“XG”为字头的零件单元具有柱体的功用，可以与“DINGB”字头的零件单元、“DIB”字头的零件单元或“LEIB”字头的零件单元相互拼搭。

以上介绍仅供使用者参考，并无任何规范约束之意，拼搭的要求是组合体的构型应该合理，且具有实际工程意义的有效形式。

图 2-1、图 2-2 为供拼装的零件单元,图 2-3 为柱体(XG)零件单元,图 2-4 为底板(DIB)零件单元,图 2-5 为顶板(DINGB)和肋板(LEIB)零件单元,图 2-6 为由底板、柱体、顶板和肋板等拼装后的组合体,图 2-7 为由相同底板、不同柱体和肋板等拼装后的组合体。

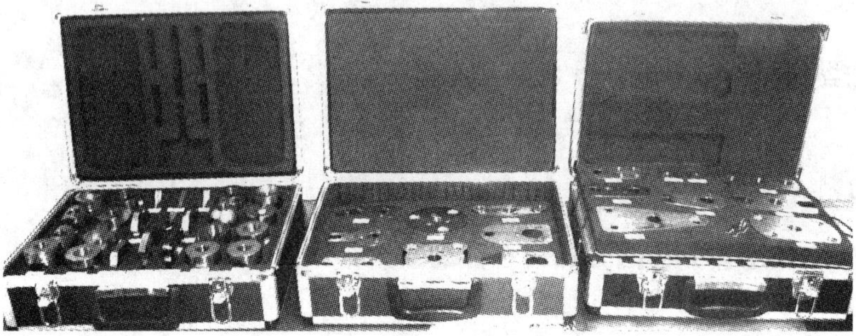

图 2-1　包装箱内的零件单元

图 2-2　零件单元

图 2-3　柱体(XG)零件单元

(3)模型使用步骤

构思拼装→结果形式→形体分析→徒手画三面投影图→三维造型→生成工程图,图 2-8 为拼装用的特征单元,图 2-9 为拼装后的组合体三面投影图及三维造型。

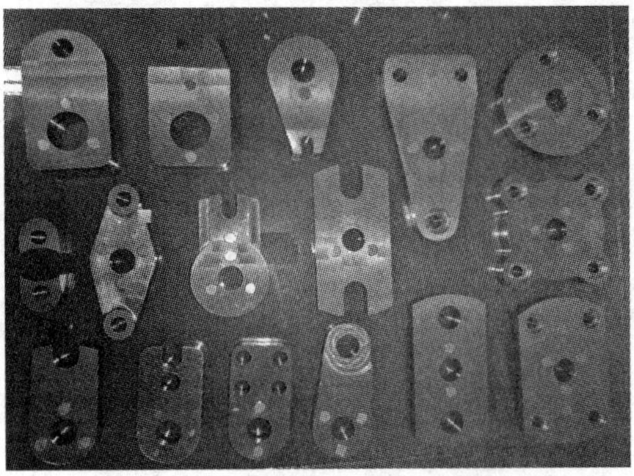

图 2-4　底板(DIB)零件单元

图 2-5　顶板(DINGB)和肋板(LEIB)零件单元

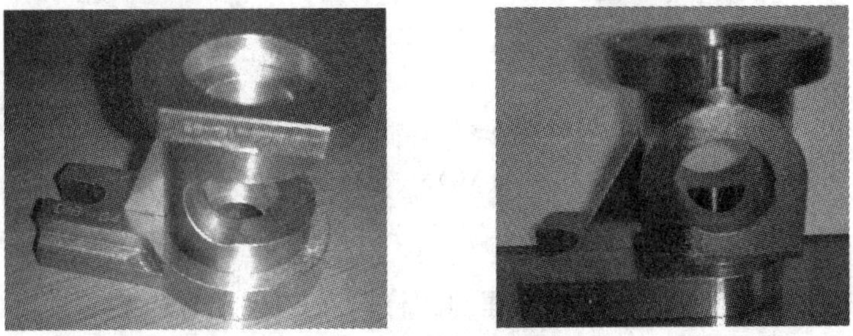

(a)　(b)

图 2-6　由底板、柱体、顶板和肋板等拼装后的组合体

(a)组合体 A　(b)组合体 B

(a)　(b)　(c)

图 2-7　由相同底板、不同柱体和肋板等拼装后的组合体

(a)组合体 C　(b)组合体 D　(c)组合体 E

1.4　实验内容及步骤

1.4.1　拼装组合体

构思拼装，将若干的简单立体模型组合拼装成组合体。

①组合模型中每个零件模块具有不同的结构特征。使用时可根据自己的意愿及模块特征的结构条件，将若干零件模块以堆积、相交或相切的方式拼装起来，构成一个组合体的模型。

②组合体的构型应该合理。

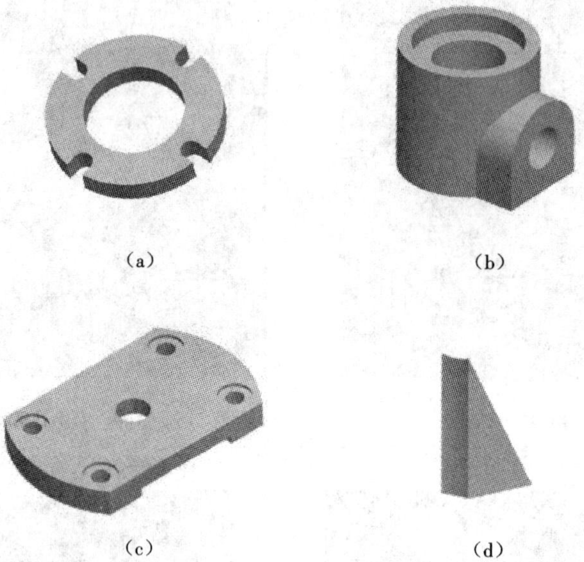

图 2-8 特征单元

(a)顶板(DINGB) (b)柱体(XG) (c)底板(DIB) (d)肋板(LEIB)

1.4.2 画组合体的三面投影图

徒手画组合体的三面投影图,选用合理的图样画法进行正确表达。

(1)形体分析

画图前,首先应对组合体进行形体分析,分析该组合体由哪些基本立体组成,了解它们之间的相对位置、组合形式以及表面间的连接关系及其分界线的特点。

在具体画图时,可以按各个部分的相对位置,逐个画出它们的投影以及它们之间的表面连接关系,综合起来即得到整个组合体的投影图。

(2)选择正面投射方向

在表达组合体形状的一组投影图中,正面投影是最主要的投影图。在画三面投影图时,正面投影图的投射方向确定以后,其他投影图的投射方向也就确定了。因此,正面投射方向的选择是绘图中的一个重要环节。正面投射方向的选择一般根据形体特征原则来考虑,即以最能反映组合体形体特征的那个投射方向作为正面投射方向,同时兼顾其他两个投影图表达的清晰性。选择时还应考虑物体的安放位置,尽量使其主要平面和轴线与投影面平行或垂直,以便使投影能得到实形。

(3)确定表达方案,徒手绘制组合体的三面投影图

徒手(或部分使用绘图仪器)绘制的图形称为草图。目测估计图形与实物的比例,确定图幅,选定合理的图样画法表达组合体,其步骤如下。

1)布置投影图位置,绘制基准线

画出图框、标题栏等,进行布局,画出作图的基准线,以确定各投影图的位置,并考虑到尺寸标注等所需的空间,匀称地将各投影图布置在图纸上。

2)徒手绘制投影图

根据确定的表达方案,按照投影的对应关系,运用形体分析法,徒手画出投影图,表达组合

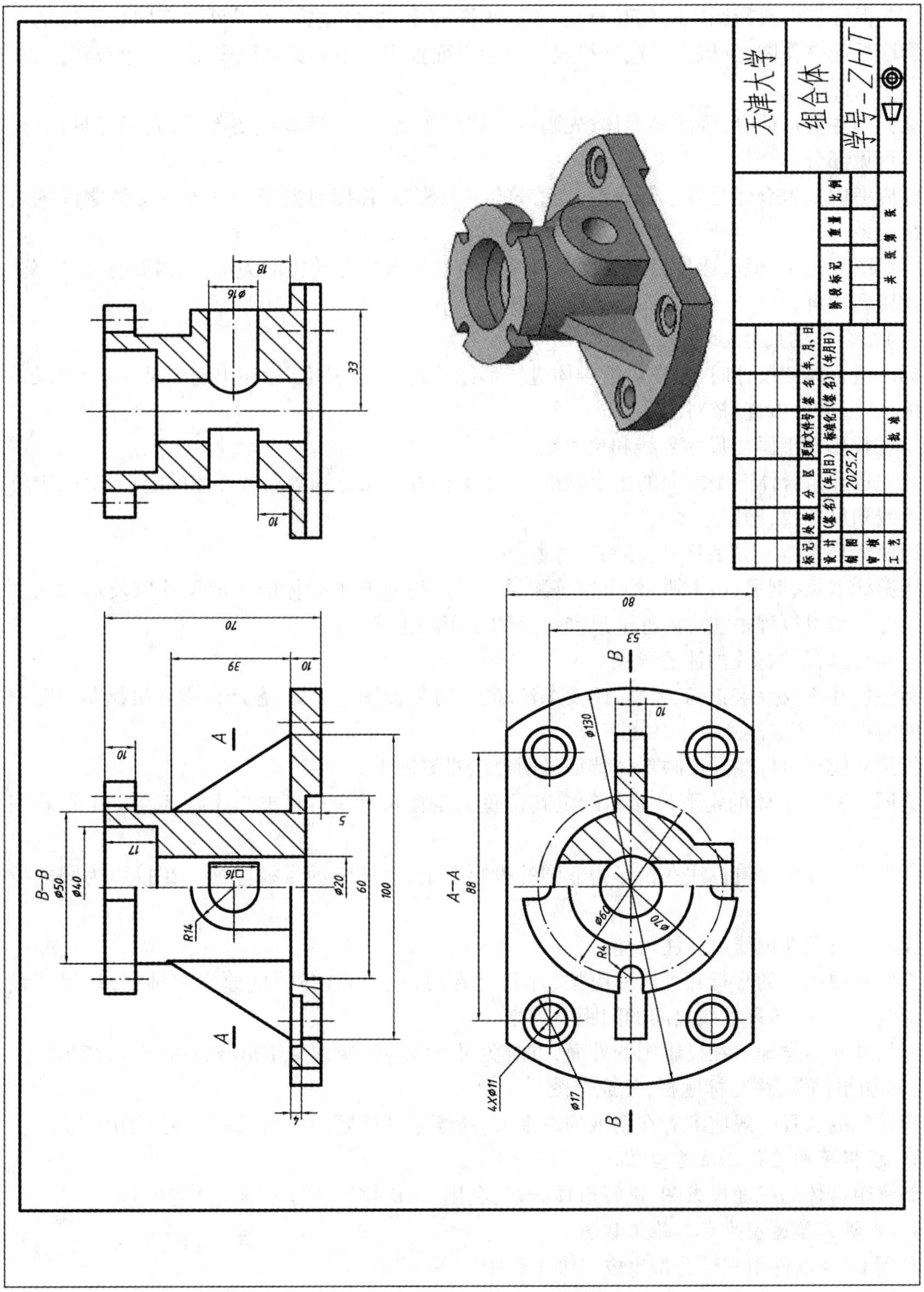

图 2-9　组合体的三面投影图及三维造型

体的各部分结构形状。

3)绘图时的注意事项

①为保证三面投影图之间相互对正,提高画图速度,减少差错,应尽可能把同一形体的三面投影联系起来作图,并依次完成各组成部分的三面投影。不要孤立地先完成一个投影图,再画另一个投影图。

②先画主要形体,后画次要形体;先画各形体的主要部分,后画次要部分;先画可见部分,后画不可见部分。

③应考虑到组合体是各个部分组合起来的一个整体,作图时要正确处理各形体之间的表面连接关系。

④草图无比例,但应通过目测使图形基本保持物体各部分的比例关系,只需要物体各部分的比例协调即可。

(4)组合体的尺寸标注

标注组合体的尺寸时,应先对组合体进行形体分析,选择基准,标注出定形尺寸、定位尺寸和总体尺寸,最后检查、核对。

1)在投影图上画出尺寸界线和尺寸线

首先选择组合体三个方向的主要基准,利用形体分析法分别画出各形体的定形尺寸、定位尺寸界线和尺寸线,确定总体尺寸。

2)测量各基本立体的尺寸,填写尺寸数字

用游标卡尺、钢尺、内卡钳、外卡钳等测量工具测得各基本立体的定形尺寸以及形体间的定位尺寸。测量过程中注意游标卡尺和钢尺的使用和正确读数。

3)组合体尺寸标注的注意事项

标注尺寸不仅要求正确、完整,还要求清晰,以方便读图。为此,在严格遵守机械制图国家标准的前提下,还应注意以下几点。

①尺寸应尽量标注在反映形体特征最明显的投影图上。

②同一基本形体的定形尺寸和确定其位置的定位尺寸应尽可能集中标注在一个投影图上。

③直径尺寸应尽量标注在投影为非圆的投影图上,而圆弧的半径应标注在投影为圆的投影图上。

④尽量避免在虚线上标注尺寸。

⑤同一视图上的平行并列尺寸应按“小尺寸在内,大尺寸在外”的原则来排列,且尺寸线与轮廓线、尺寸线与尺寸线之间的间距要适当。

⑥尺寸应尽量配置在投影图的外面,以避免尺寸线与轮廓线交错重叠,保持图形清晰。

(5)加粗描深,注写标题栏,完成全图

标题栏的位置一般应配置在图纸的右下方,所绘草图标题栏中“比例”一栏不用填写。

1.4.3 根据草图进行三维造型

阅读组合体的三面投影图,进行形体分析,利用 CAD 软件进行三维实体造型。

1.4.4 根据三维造型生成二维工程图

利用 CAD 软件由三维造型生成二维工程图。

1.5 实验报告

1.5.1 实验报告要求

①选用 A3 图幅徒手绘制组合体三面投影图。绘草图绝不意味着潦草,应该做到字体端正,线型分明,比例匀称,图面整洁。

②在 A3 图幅内由组合体三维造型生成符合国家标准的二维工程图,并插入组合体的轴测图。

③标题栏制作。

i. 制图:姓名,日期,5 号字。

ii. 比例:1∶1,5 号字。

iii. 单位名称:学校专业班级,10 号字。

iv. 图样名称:组合体,10 号字。

v. 图号:学号后三位 - ZHT,10 号字。

1.5.2 实验报告

实验报告形式如图 2-9 所示。

2 正等轴测图

2.1 实验目的

①了解正等轴测图的轴间角和轴向伸缩系数。

②掌握正等轴测图的基本画法。

2.2 实验要求

根据物体的正投影图,徒手绘制其正等轴测图。

2.3 实验工具

H、HB 和 B 铅笔,小刀,橡皮,方格纸等。

2.4 实验内容及步骤

2.4.1 正等轴测图的轴间角和轴向伸缩系数

(1)轴间角

正等轴测图中坐标轴的位置如图 2-10 所示,其轴间角均为 120°。

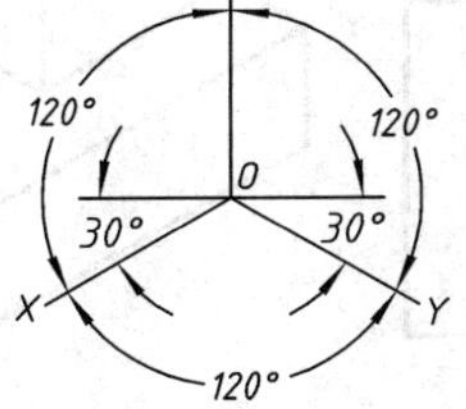

图 2-10 正等轴测图中坐标轴的位置及轴间角

(2)轴向伸缩系数

正等轴测图的轴向伸缩系数为 $p_1=q_1=r_1=0.82$。为了作图方便,常采用简化轴向伸缩系数 $p=q=r=1$。

2.4.2 平面立体的正等轴测图

根据平面立体的正投影图,画出其正等轴测图的作图步骤如下:

①在正投影图中选择中心 O 作为坐标原点,并确定坐标轴;

②画轴测图的坐标轴;

③用坐标定点法作出各可见点的轴测投影;

④连接各点,擦去多余作图线,加深可见棱线,即得物体的正等轴测图,如图 2-11 和图 2-12 所示。

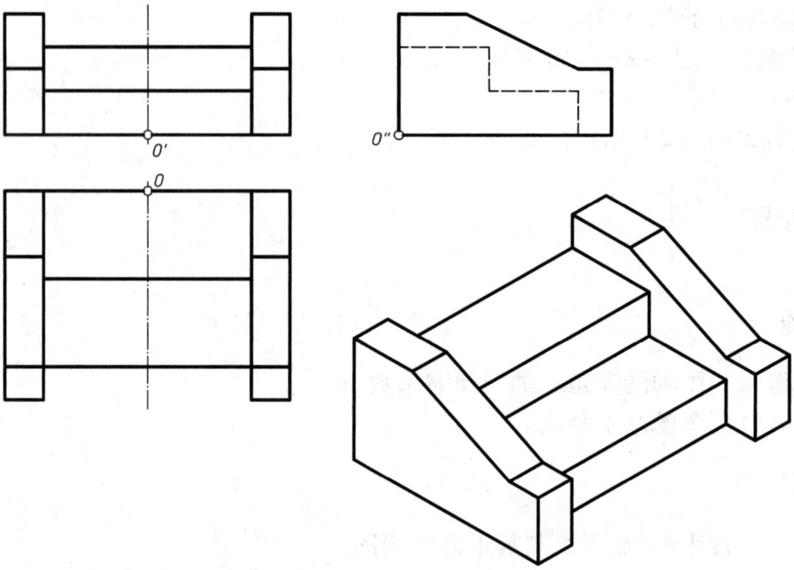

图 2-11 平面立体的正等轴测图

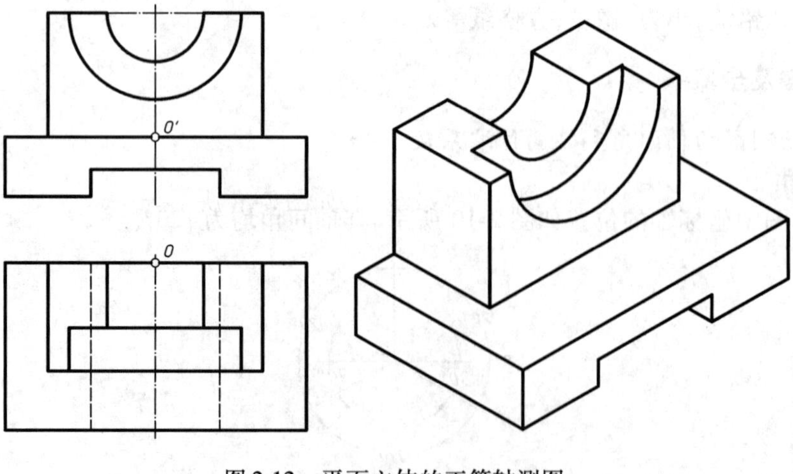

图 2-12 平面立体的正等轴测图

2.4.3　带切口回转体的正等轴测图

根据回转体的正投影图画出其正等轴测图的作图步骤如下：

①在正投影图中选择中心 O 作为坐标原点并确定坐标轴；

②画轴测图的坐标轴；

③画出回转体中平行于坐标面的圆的正等轴测图——椭圆；

④画出整个回转体的正等轴测图；

⑤画出截交线和截平面之间交线的正等轴测图；

⑥擦去多余作图线，加深可见图线，完成全图，如图 2-13 所示。

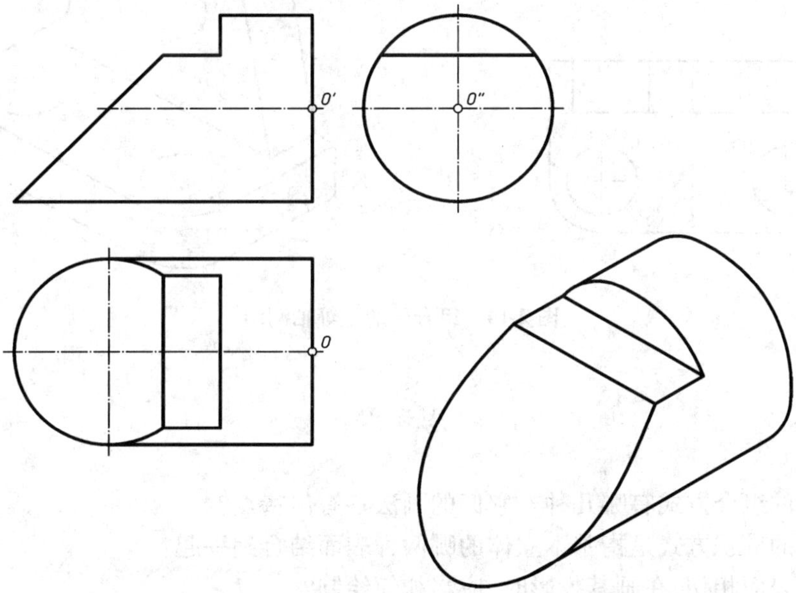

图 2-13　带切口回转体的正等轴测图

2.4.4　组合体的正等轴测图

组合体一般由若干个基本立体组成。画组合体的轴测图，要分别画出各基本立体的轴测图，并注意它们之间的相对位置。根据组合体的正投影图画出其正等轴测图的作图步骤如下：

①在正投影图中选择中心 O 作为坐标原点并确定坐标轴；

②画轴测图的坐标轴；

③按照形体分析法，根据各基本立体之间的相对位置，画出它们的正等轴测图；

④擦去多余作图线，加深可见轮廓线，完成全图，如图 2-14 所示。

2.5　实验报告

(1)实验报告要求

选用 A4 图幅徒手绘制物体的正等轴测图。应做到布局合理，线型分明，比例匀称，图面整洁。

(2)实验报告

实验报告形式如图 2-11 至图 2-14 所示。

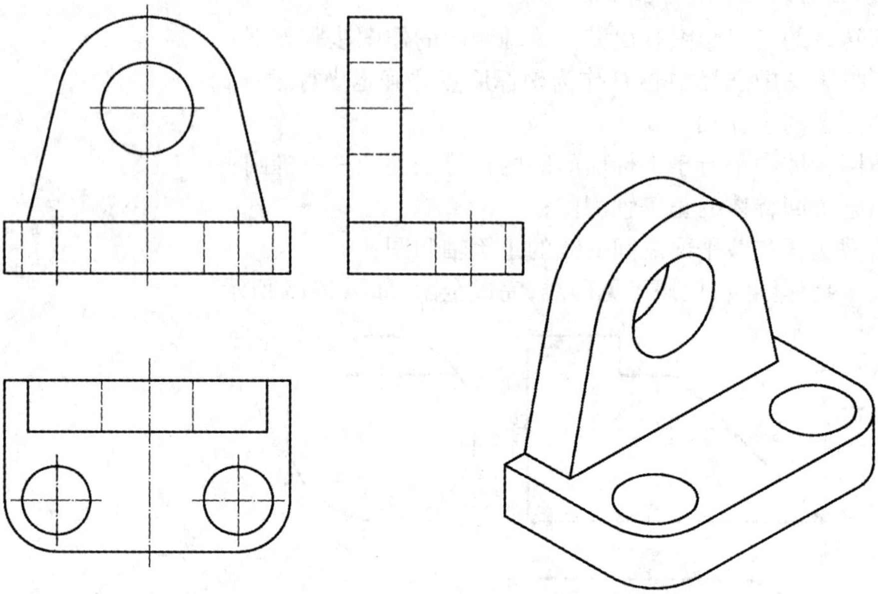

图 2-14 组合体的正等轴测图

思考题

1. 组合体的组合方式有哪几种？它们的画法各有何特点？
2. 组合体的堆积方式是指基本立体的哪两种表面结合到一起？
3. 两立体表面相切，在画其投影时，应当如何绘制？
4. 当平面与回转体相交时，其截交线可能是什么形状？
5. 两回转体相交时，其表面产生的相贯线可能是什么形状？
6. 根据组合体画出其三面投影图时，采用的主要分析方法是什么？
7. 画组合体投影图时，如何选择正面投影图？
8. 读组合体的三面投影图时，通常采用的分析方法是什么？
9. 组合体尺寸标注的基本要求是什么？
10. 轴测图是怎样形成的？有什么投影特性？与多面正投影图比较有何特点？
11. 什么叫轴向伸缩系数？什么叫轴间角？
12. 试述平行于坐标面的圆的正等轴测近似椭圆的画法。这类椭圆的长轴、短轴的位置有什么特点？

第 3 章　典型零件测绘指导

1　零件测绘简介

1.1　测绘步骤及内容

测绘步骤及内容如图 3-1 所示。

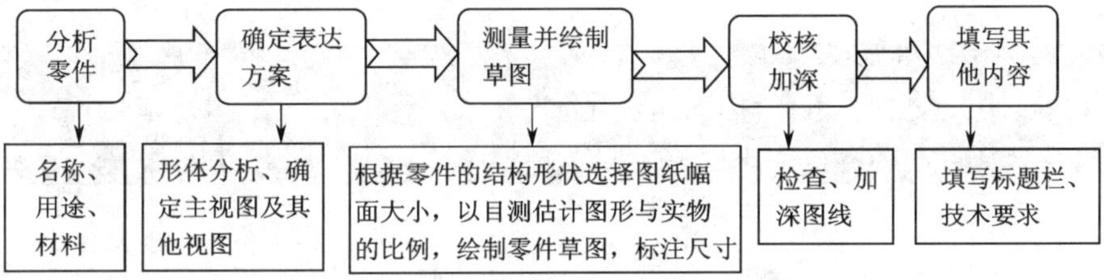
分析零件
确定表达方案
测量并绘制草图
校核加深
填写其他内容
名称、用途、材料
形体分析、确定主视图及其他视图
根据零件的结构形状选择图纸幅面大小，以目测估计图形与实物的比例，绘制零件草图，标注尺寸
检查、加深图线
填写标题栏、技术要求

图 3-1　测绘步骤及内容

1.2　实验工具及介绍

(1)千分尺和游标卡尺

千分尺和游标卡尺用于测量加工过的表面，不能用来测量表面粗糙的零件，以免磨损。千分尺是比游标卡尺更精密的测量工具，但测量范围比游标卡尺窄；游标卡尺可用于测量零件的外径、内径、长度、宽度、厚度、深度和孔距等，如图 3-2 和图 3-3 所示。

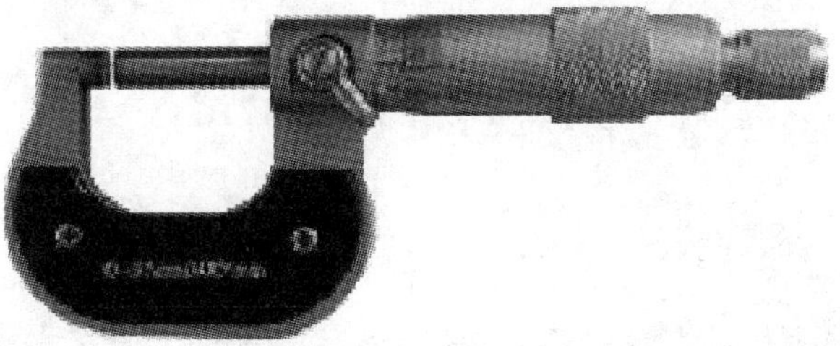

图 3-2　千分尺

(2)内、外卡钳

测量时，需要与钢尺结合读取数据，用来测量零件的外径和内径，如图 3-4 所示。

(3)圆角规

圆角规由很多片组成，每片上均刻有圆角半径的大小。测量时，只要在圆角规中找出与被测部分完全吻合的一片，就可从该片上的数值知道圆角半径的大小，如图 3-5 所示。

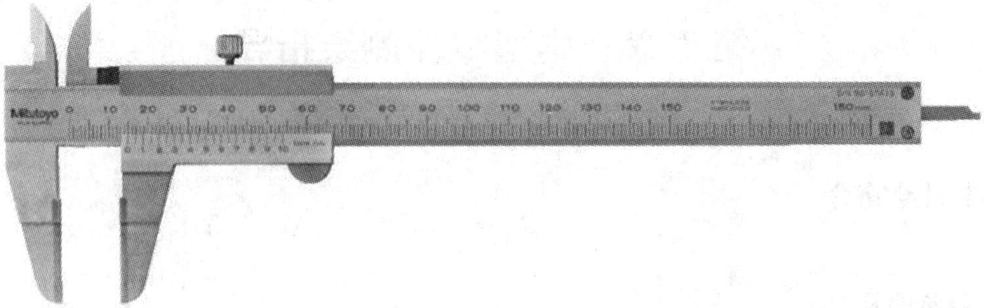

图 3-3　游标卡尺

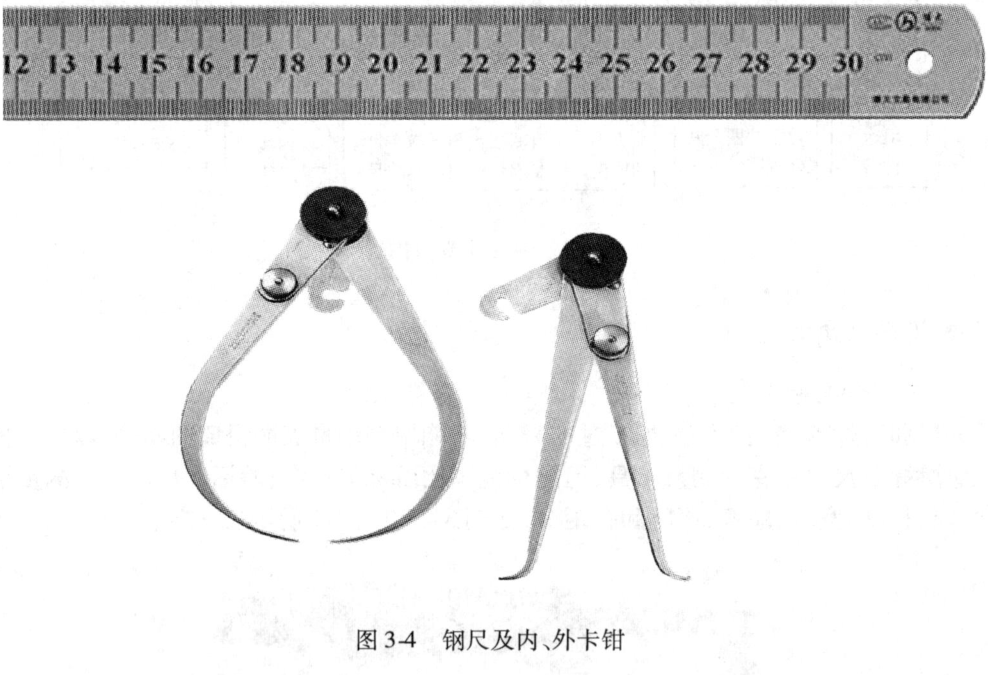

图 3-4　钢尺及内、外卡钳

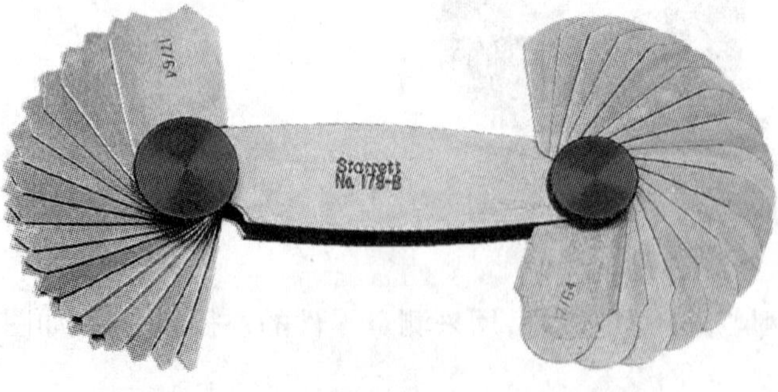

图 3-5　圆角规

(4)高度游标卡尺

高度游标卡尺用于测量零件中心高和精密画线，该测量应在平台上进行，如图3-6所示。

图3-6 高度游标卡尺

(5)螺纹规

螺纹规用于测量螺距，如图3-7所示。

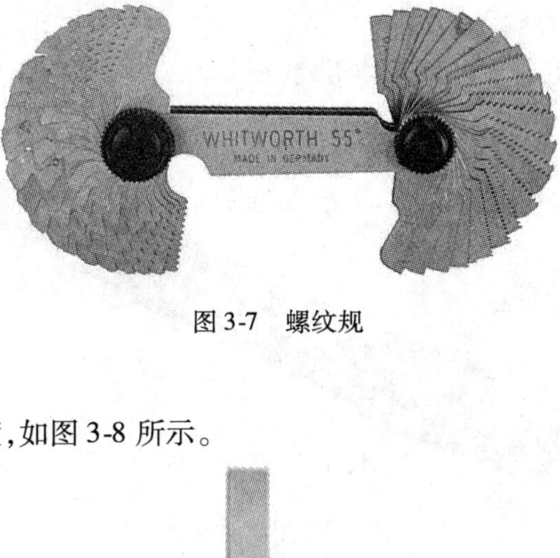

图3-7 螺纹规

(6)量角器

量角器用于测量角度，如图3-8所示。

图3-8 量角器

2　轴、套类零件测绘

2.1　实验目的

通过对轴类零件的测绘，掌握游标卡尺、钢尺、螺纹规、内外卡钳的使用方法，掌握正确绘制零件草图的方法与步骤，对轴类零件的视图选择、尺寸的标注以及技术要求的确定和注写有概括的了解和初步的掌握。

2.2　实验要求

根据所给的零件，选择较优的表达方法，正确使用测量仪器测量零件尺寸，选择图纸的幅面，目测估计图形与实物的比例，绘制零件草图，标注尺寸，制订并注写零件图的技术要求。

2.3　实验工具

游标卡尺、钢尺、内外卡钳、螺纹规等。

2.4　实验内容及步骤

轴、套类零件一般由共轴线的回转体组成(图3-9)，主要是在车床或磨床上加工，所以轴、套类零件的主视图按加工位置(即轴线水平)放置。

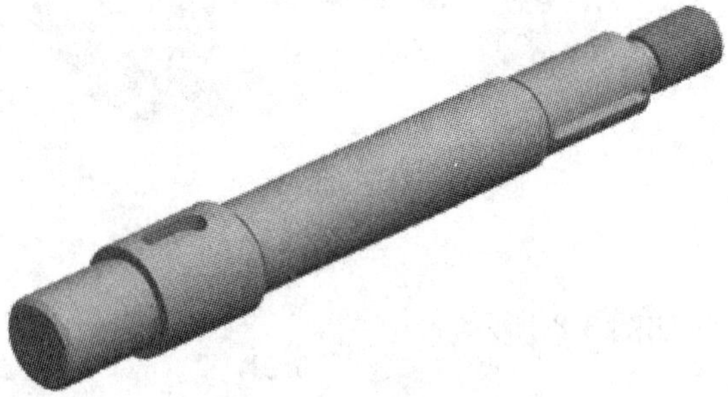

图3-9　主动轴模型

①画出图框、标题栏框等，画出作图的基准线，进行视图布局，以确定各视图的位置。

②根据确定的表达方案，选择轴线水平作为主视图放置位置，轴上的键槽一般朝前画出，按照零件结构特点，画出零件的外形轮廓和主要结构部分。

③画零件的局部小结构部分，如键槽、销孔、退刀槽等结构，可采用局部剖视、局部放大和移出断面图等表示。

④尺寸标注，轴、套类零件一般要注出表示直径大小的径向尺寸和表示各段长度的轴向尺寸。径向尺寸以轴线为基准，轴向尺寸以零件的主要端面(轴肩)为基准，各段长度尺寸多按车削加工顺序注出，对轴上的倒角、退刀槽、砂轮越程槽、螺纹退刀槽、键槽和中心孔等标准结构，应查阅有关技术资料的尺寸后再按标准进行标注。

⑤注写技术要求,填写标题栏。

⑥认真检查,然后按国家标准线型要求加深图线。

2.5 实验报告

(1)实验报告的要求

应该做到布局合理,线型分明,比例匀称,图面整洁,标注规范。零件的表面结构要求如下:

①配合表面$\sqrt{Ra\ 1.6}$;

②键槽侧面$\sqrt{Ra\ 3.2}$;

③键槽底面$\sqrt{Ra\ 6.3}$;

④其余表面$\sqrt{Ra\ 12.5}$。

(2)实验报告

实验报告的形式见附图6。

3 轮、盘类零件测绘

3.1 实验目的

通过对轮、盘类零件的测绘,掌握游标卡尺、钢尺、圆角规、内外卡钳的使用方法,掌握正确绘制零件草图的方法与步骤,并对轮、盘类零件的视图选择、尺寸的标注以及技术要求的确定有概括的了解和初步的掌握。

3.2 实验要求

根据所给零件,选择较优的表达方法,正确使用测量仪器测量零件尺寸,选择图纸幅面,目测估计图形与实物的比例,绘制零件草图,标注尺寸,制订并注写零件图的技术要求。

3.3 实验工具

游标卡尺、钢尺、内外卡钳、圆角规等。

3.4 实验内容及步骤

轮、盘类零件有手轮、带轮、飞轮、端盖和盘座等,如图3-10所示。这类零件一般在车床上加工,此类零件主视图按加工位置使轴线水平放置,一般需要两个基本视图。

①画出图框、标题栏框等,进行视图布局,画出作图的基准线,以确定各视图的位置。

②根据确定的表达方案,按照加工位置,选择轴线水平作为主视图放置位置,并采取适当剖视。此外,这类零件常有沿圆周分布的孔、槽和轮辐等结构,因此需要用左(或右)视图表示这些结构的形状和分布情况。

③尺寸标注是以主要回转轴线作为径向尺寸基准,以要求切削加工的大端面或安装的定位端面作为轴向尺寸基准。内外结构尺寸分开并尽量在非圆视图中注出。在反映圆形的视图

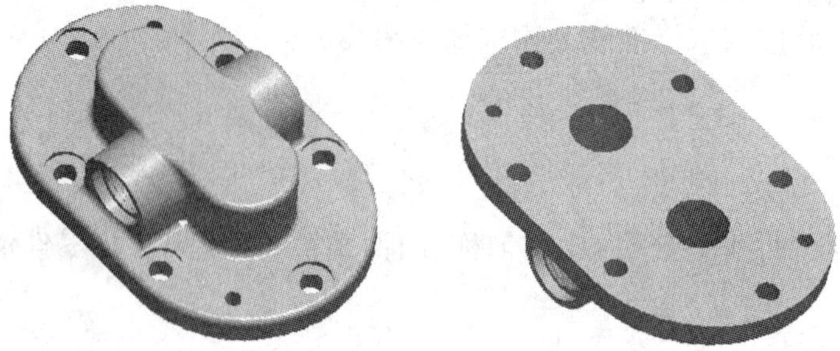

图 3-10　泵盖模型

上标注键槽尺寸和分布的各孔以及轮辐等尺寸。某些细小结构的尺寸多集中在剖视图上标注出。

④注写技术要求，填写标题栏。

⑤认真检查，然后按国家标准线型要求加深图线。

3.5　实验报告

（1）实验报告的要求

做到布局合理，线型分明，比例匀称，图面整洁，标注规范。未注明铸造圆角半径为 2 ~ 3 mm，零件的表面结构要求如下：

①90°锥孔及销孔工作面$\sqrt{Ra\ 0.8}$；

②配合表面$\sqrt{Ra\ 1.6}$；

③与泵体接触表面$\sqrt{Ra\ 1.6}$；

④螺栓连接用阶梯孔$\sqrt{Ra\ 6.3}$；

⑤其余孔$\sqrt{Ra\ 6.3}$；

⑥其余表面$\sqrt{\circ}$。

（2）实验报告

实验报告的形式见附图 1。

4　叉、杆类零件测绘

4.1　实验目的

通过对叉、杆类零件的测绘，掌握游标卡尺、高度游标卡尺、量角器的使用方法，掌握正确绘制零件草图的方法与步骤，并对叉、杆类零件的视图选择、尺寸标注以及技术要求的确定有概括的了解和初步掌握。

4.2　实验要求

根据所给的零件，选择较优的表达方法，正确使用测量仪器测量零件尺寸，选择图纸的幅面，目测估计图形与实物的比例，绘制零件草图，标注尺寸，制订并注写零件图的技术要求。

4.3　实验工具

游标卡尺、高度游标卡尺、量角器、圆角规、螺纹规等。

4.4　实验内容及步骤

叉、杆类零件包括杠杆、连杆、拨叉、支架等，此类零件的结构形状有时比较复杂，还常有倾斜或弯曲的结构，如图3-11所示。工作位置往往不固定，加工工序较多，因此一般以反映其形状特征较明显的视图作为主视图，常需两个或两个以上的基本视图。

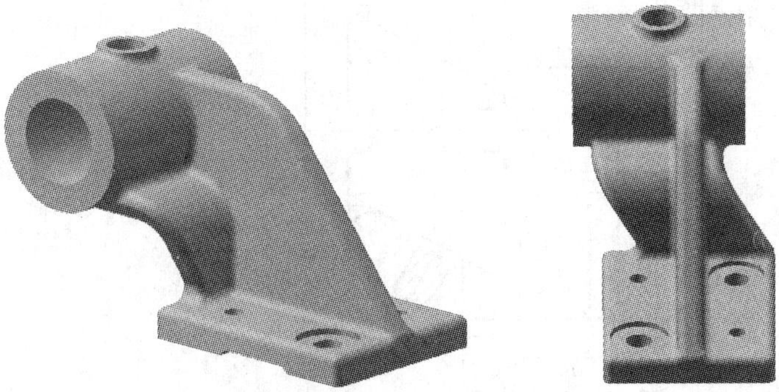

图3-11　支架的模型

①画出图框、标题栏框等，然后画出作图的基准线，进行视图布局，以确定各视图的位置。

②根据确定的表达方案，选择最能反映支架形状特征的视图为主视图，选取仰视图以反映底板的形状，再选择局部剖的左视图来表达圆柱孔的内部结构。

③画零件的细微结构部分，并用两个移出断面图分别表达肋板和支板的厚度。

④尺寸标注以各方向主要孔的轴线、主要安装面和主要对称面作为尺寸基准。主要孔到安装面的距离、底板孔距等重要尺寸应首先标注。标注尺寸时，应反映出零件的毛坯及其机械加工方法等特点。

⑤注写技术要求，填写标题栏。

⑥认真检查，然后按国家标准线型要求加深图线。

4.5　实验报告

(1)实验报告的要求

应该做到布局合理，线型分明，比例匀称，图面整洁，标注规范。未注明铸造圆角半径为2~3 mm，零件的表面结构要求如下：

①销孔工作面$\sqrt{Ra\ 1.6}$；

②配合表面$\sqrt{Ra\ 1.6}$；

③Φ46圆柱前、后端面及底面$\sqrt{Ra\ 6.3}$；

④Φ18圆柱顶面、阶梯孔$\sqrt{Ra\ 12.5}$；

⑤其余表面$\overset{\circ}{\checkmark}$。

(2)实验报告

实验报告的形式如图3-12所示。

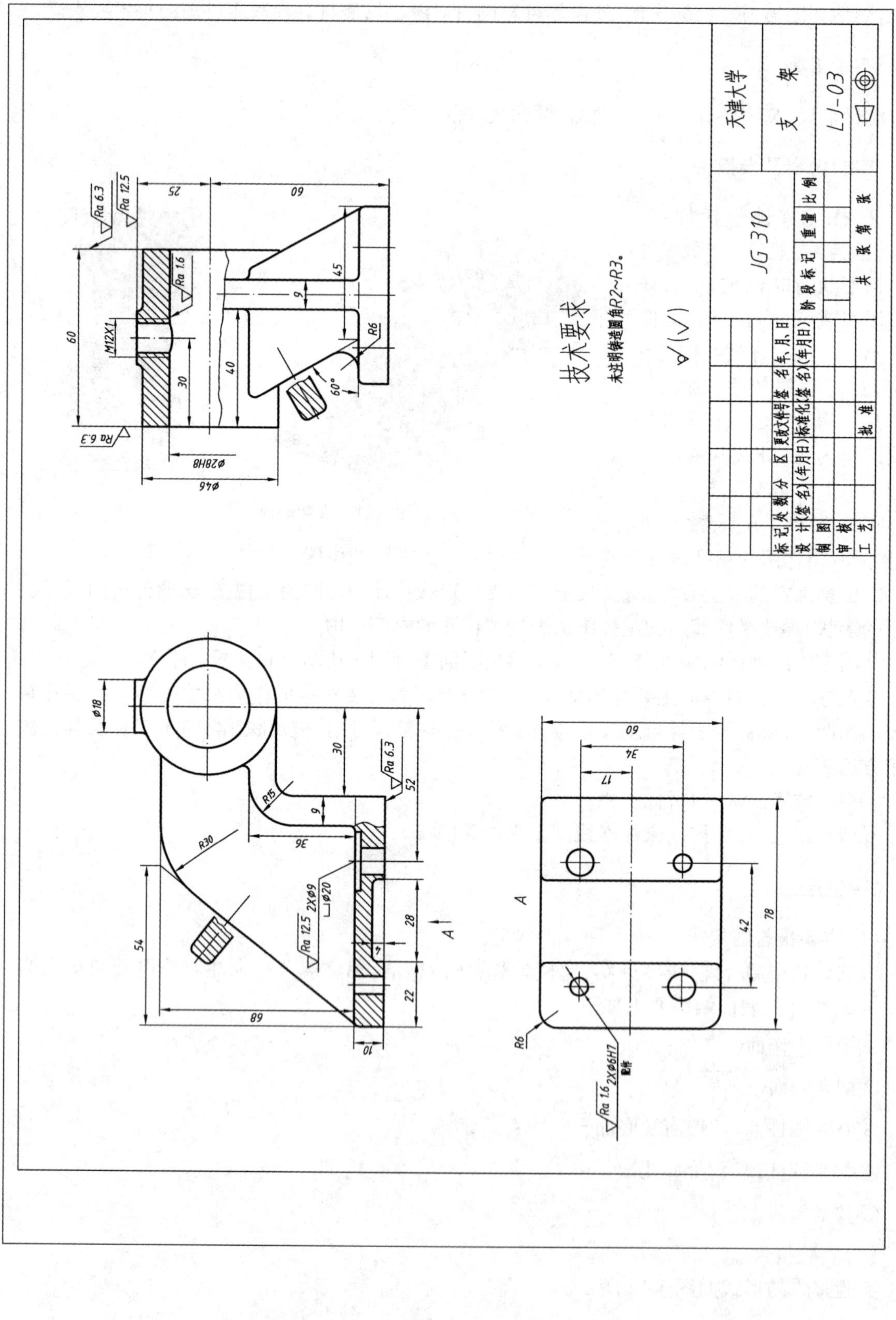

图 3-12 支架零件图

5　箱体类零件测绘

5.1　实验目的

通过对箱体类零件的测绘，初步掌握游标卡尺、高度游标卡尺、螺纹规、圆角规的使用方法，掌握正确绘制零件草图的方法与步骤，并对箱体类零件的视图选择、尺寸的标注以及技术要求的确定有概括的了解和初步的掌握。

5.2　实验要求

根据所给的零件，选择较优的表达方法，正确使用测量仪器测量零件尺寸，选择图纸的幅面，目测估计图形与实物的比例，绘制零件草图，标注尺寸，制订并注写零件图的技术要求。

5.3　实验工具

游标卡尺、高度游标卡尺、螺纹规、圆角规等。

5.4　实验内容及步骤

箱体类零件包括机座、箱体和机壳等。此类零件的结构一般比较复杂，如图3-13所示，加工工序较多，其主视图一般按工作位置摆放，并且较明显地反映其形状特征，箱体类零件一般需三个或更多的基本视图。

图3-13　泵体的模型

①画出图框、标题栏框等，画出作图的基准线，进行视图布局，以确定各视图的位置。

②根据确定的表达方案，按照投影的对应关系画出各个视图，以表达零件的各部分结构形状。主视图按泵体的工作位置即主动轴孔 $\Phi18$ 轴线水平放置画成全剖视图，反映泵体内、外形状特点以及液体进出口的位置、连接孔的深度等；左视图采用局部剖视图，表达内腔、液体进出口的位置及深度、安装孔的情况等；俯视图采用全剖视图，用来表达连接板与肋板的T字形断面及安装板的形状、安装板上孔的位置；右视图表达泵体外部形状特点。

③尺寸标注。箱体类零件的尺寸基准，一般要根据零件的结构和加工工艺的要求确定。其高度方向的主要基准为主动轴孔的轴线，宽度方向的主要基准为对称平面，长度方向的主要

基准为泵体与泵盖相接触的左端面。

④注写技术要求，填写标题栏。

⑤认真检查，然后按国家标准线型要求加深图线。

5.5 实验报告

(1)实验报告的要求

应该做到布局合理，线型分明，比例匀称，图面整洁，标注规范。未注明铸造圆角半径为 2 ~3 mm，零件的表面结构要求如下：

①销孔工作面$\sqrt{Ra\ 0.8}$；

②箱体内部配合表面及与齿轮接触表面$\sqrt{Ra\ 1.6}$；

③泵体与泵盖接触表面$\sqrt{Ra\ 3.2}$；

④其余加工面$\sqrt{Ra\ 6.3}$；

⑤其余不去除材料的表面$\circ\!\!\!\sqrt{\ }$。

(2)实验报告

实验报告的形式见附图 3。

思考题

1. 传动轴上通常有哪些主要结构？
2. 确定倒角和螺纹退刀槽尺寸的方法是什么？
3. 测量轴和孔的直径尺寸的量具主要有哪些？
4. 如何确定轮、盘类零件轴向尺寸的主要基准？
5. 轮、盘类零件除了主视图外一般还采用什么图形表达其结构特征？
6. 叉、杆类零件上通常有哪些主要结构特征？
7. 叉、杆类零件除了主视图外一般还采用什么图形表达其结构？
8. 如何确定叉、杆类零件的主要基准？
9. 如何测量两孔的中心距？
10. 箱体类零件的结构特点及主要技术要求有哪些？这些要求对保证箱体零件在机器中的作用和机器的性能有何影响？
11. 选择箱体类零件定位基准时，应考虑哪些问题？
12. 选择箱体类零件的视图时，如何确定主视图的投射方向？
13. 零件草图与零件工作图有哪些异同？
14. 零件测绘的正确步骤有哪些？

第 4 章　典型部件测绘指导

1　实验目的

①初步掌握装配体的测绘方法和步骤。
②掌握装配图的表达方法。
③进一步练习零件的测绘方法和步骤及零件草图、零件工作图的绘制方法。
④掌握公差配合的标注方法。

2　实验要求

根据测绘的齿轮泵,绘制齿轮泵中所包含的零件(不含标准件)的零件图,以及齿轮泵的装配图。

3　实验工具

测绘用部件(齿轮泵),游标卡尺,直尺,内卡钳,外卡钳,螺纹规,圆角规等。

4　实验内容及步骤

4.1　实验内容

根据图 4-1 所示齿轮泵,了解齿轮泵的用途,利用所给测量仪器测量出齿轮泵除标准件外所有零件的尺寸,绘制齿轮泵主要零件的草图,正确标注尺寸,制订齿轮泵主要零件的技术要求,并绘制零件图。根据零件图绘制出齿轮泵装配图。

图 4-1　齿轮泵

4.2 实验步骤

4.2.1 了解和分析测绘对象

测绘前首先要对部件进行分析研究，阅读有关的说明书、资料，参阅同类产品图样，了解部件的用途、工作原理、结构特点和零件间的装配关系。齿轮泵分解图如图 4-2 所示。

图 4-2 齿轮泵分解图

(1)用途

该齿轮泵为液压系统中的一种能量转换装置，是机器中润滑、冷却和液压传动系统中获得高压油的主要设备。

(2)工作原理

该齿轮泵装配示意图如图 4-3 所示，明细表如表 4-1 所示。其结构为在泵体 4 内装有 2 个传动轴，一个是主动轴 8，另一个是从动轴 15(均由泵体 4、泵盖 1 支承)，动力通过主动轴上的主动齿轮 17(主动轴与主动齿轮用键 18 联结)传递并带动从动轴 15 旋转。当主动齿轮 17 按逆时针方向旋转时，泵体前端吸油腔形成真空，低压油被吸入并充满齿槽。随着齿轮的旋转，润滑油沿着泵体内壁被带到后端油腔内，由于齿轮啮合使齿槽内润滑油被挤压，从而产生高压油输出。

当齿轮泵在 950 r/min 旋转时，油压应为 1.4 MPa。泵在运行时，若出口或管路系统阻塞，出口油压增高将造成油路系统设备或泵体的损坏。为防止事故，在泵盖上附有安全阀装置，它由螺塞 10、垫片 9、弹簧 11 和钢球 12 组成。当油压超过 1.4 MPa 时，高压油克服弹簧压力将钢球顶开，使出口处的油经安全阀复回至进口处，形成了油在泵体内部的循环，以保证整个润滑系统安全工作。

填料 5、垫片 3、垫片 9 主要起密封防漏作用。垫片 3 的厚度可以起到调节齿轮两侧面间隙的作用。

齿轮泵主要的装配干线一个是主动齿轮和主动轴，装在该主动轴上的齿轮与另一个齿轮构成齿轮副啮合，主动轴的伸出端有一个密封装置；另一个装配关系是泵盖与泵体的连接关系，二者用 6 个螺栓 13 连接，2 个圆柱销 2 定位，为防止油泄漏，泵盖与泵体间有密封垫片 3。

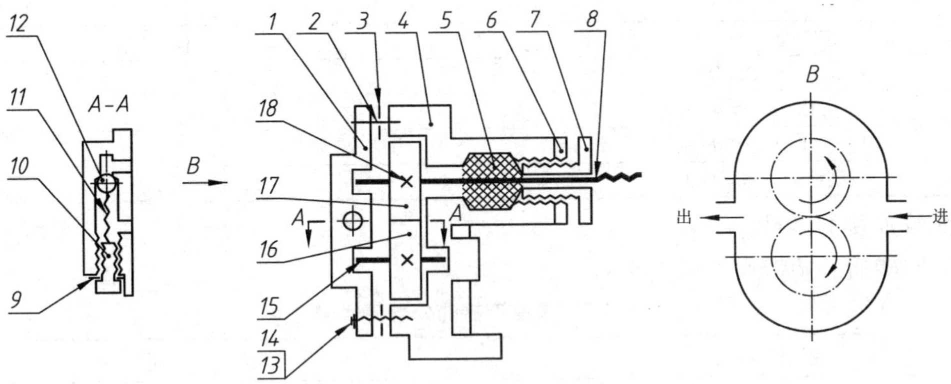

图 4-3　齿轮泵装配示意图

表 4-1　齿轮泵明细表

序号	代号	零件名称	材料	数量	备注
1		泵盖	HT200	1	
2	GB/T 119.2	销 5×20	35	2	
3		垫片	工业用纸	1	
4		泵体	HT200	1	
5		填料	石棉		
6		锁紧螺母	Q235A	1	
7		填料压盖	ZQSn6－6－3	1	
8		主动轴	45	1	
9		垫片	工业用纸	1	
10		螺塞	Q235A	1	
11		弹簧	65Mn	1	
12	GB/T 308	钢球 1/2CⅢ	GCr6	1	
13	GB/T 5783	螺栓 M6×20	Q235A	6	
14	GB/T 97.1	垫圈 6	Q235A	6	
15		从动轴	45	1	
16		从动齿轮	45	1	$m=3, z=14$
17		主动齿轮	45	1	$m=3, z=14$
18	GB/T 1096	键 6×6×14	45	1	

(3)装配关系

1)配合零件

配合零件的配合代号见表 4-2。

表 4-2　配合零件的配合代号

配　合　零　件	配　合　代　号
主动轴 8 与泵体 4、泵盖 1	H8/f7
主动齿轮 17、从动齿轮 16 与泵体 4	H8/f7

续表

配合零件	配合代号
主动轴 8 与主动齿轮 17	H7/k6
从动轴 15 与泵体 4、泵盖 1	K8/h7
从动轴 15 与从动齿轮 16	K8/h7
圆柱销 2 与泵盖 1	H7/m6

2)螺纹连接的零件

螺纹连接的公差带代号见表 4-3。

表 4-3 螺纹连接的公差带代号

螺纹连接零件	螺纹连接尺寸
填料压盖 7 与泵体 4	M27×1.5 6H/6g
螺塞 10 与泵盖 1	G3/8A

4.2.2 拆卸零部件和测量尺寸

(1)拆卸零部件

拆卸零件的过程也是进一步了解部件中各零件作用、结构、装配关系的过程。在初步了解部件工作原理及结构的基础上,要按照主要装配关系和装配干线依次拆卸各零件,通过对各零件的作用和结构的仔细分析,进一步了解各零件间的装配关系。要特别注意零件间的配合关系,弄清其配合性质。拆卸时为了避免零件的丢失与混乱,一方面要妥善保管零件,另一方面可对各零件进行编号,并分清标准件与非标准件,进行相应的记录。对不可拆连接和过盈配合的零件尽量不拆,以免影响装配体的性能及精度,同时拆卸时使用工具要得当。

为便于装配体被拆散后仍能装配复原,在拆卸过程中应尽量做好原始记录,最简便常用的方法是绘制装配示意图。

装配示意图是在部件装配拆卸过程中所画的记录图样。它的主要作用是避免零件拆卸后可能产生的错乱,是重新装配和绘制装配图的依据。画装配示意图时,一般用简单的线条和符号表达各零件的大致轮廓,如图 4-3 所示齿轮泵装配示意图中的泵体;甚至用单线来表示零件的基本特征,如图 4-3 中的销 2 和螺栓 13 等。画装配示意图时,通常对各零件的表达不受前后层次的限制,尽量把所有零件集中在一个图形上。如确有必要,可增加其他图形。画装配示意图的顺序,一般可从主要零件着手,由内向外扩展,按装配顺序把其他零件逐个画上。例如,画齿轮泵装配示意图时,可先画泵体和泵盖,再画主动轴和从动轴,其次画键、主动齿轮、从动齿轮、填料压盖和压紧螺母,最后画垫片、销、垫圈和螺栓等其他零件,相邻两个零件的接触面之间最好画出间隙,以便区别。对轴承、弹簧及齿轮等零件,可按《机械制图》国家标准规定的符号绘制。图形画好后,各零件编上序号,并列表注明各零件名称、数量、材料、规格等,如表 4-1 所示。对于标准件要及时确定其尺寸规格,可连同数量直接注写在装配示意图上。

(2)测量尺寸

常用的测量工具及测量方法见零件测绘,一些重要的装配尺寸,如零件间的相对位置尺寸、极限位置尺寸、装配间隙等要先进行测量,并做好记录,以使重新装配时能保持原来的要求。拆卸后要将各零件编号(与装配示意图上编号一致),系上标签,妥善保管,避免散失和错乱,还要防止生锈,对精度高的零件应防止碰伤和变形,以便重新装配时仍能保证部件的性能要求。

4.2.3 画零件草图

组成装配体的每一个零件，除标准件外，都应测绘出草图，画装配体的零件草图时，应尽可能注意到零件间的尺寸的协调。

测绘时由于工作条件的限制，常常徒手绘制各零件的图样。零件草图是画装配图的依据，因此它的内容和要求与零件图是一致的。零件的工艺结构，如倒角、退刀槽、中心孔等要全部表达清楚。画草图时要注意配合零件的基本尺寸要一致，测量后同时标注在有关零件的草图上，并确定其公差配合的要求。有些重要尺寸（如泵体上安装传动齿轮的轴孔中心距）要通过计算使其与齿轮的中心距一致。标准结构的尺寸应查阅有关手册确定，一般尺寸测量后通常都要圆整，重要的直径要取标准值，如安装滚动轴承的轴径要与滚动轴承内径尺寸一致等。附图1至附图12是齿轮泵主要零件的零件图。

4.2.4 画装配图

根据零件草图和装配示意图画出装配图。在画装配图时，应对零件草图上可能出现的差错予以纠正。根据画好的装配图及零件草图再画零件图，对草图中的尺寸配置等可作适当的调整和重新布置。

绘制装配图前，要对绘制好的装配示意图和零件草图等资料进行分析、整理，对所要绘制部件的工作原理、结构特点及各零件间的装配关系作进一步的了解，拟定表达方案和绘图步骤，最后完成装配图的绘制。

(1)拟定表达方案

1)确定装配体位置

通常将装配体按工作位置放置，使装配体的主要轴线或主要安装面呈水平或垂直放置。

2)确定主视图的方向

因装配体由许多零件装配而成，所以通常以最能反映装配体结构特点和较多反映装配关系的一面作为主视图的投射方向。

3)选择其他视图

选用较少数量的视图、剖视图和断面图等，准确、完整、简便地表达出装配体的工作原理以及各零件间的装配关系和主要零件的基本结构。

齿轮泵的主视图采用沿主要装配干线的全剖视的表达方法，从而将齿轮泵中主要零件的相互位置及装配关系等表达出来。左视图采用局部剖视图，表达液体吸入口及安装孔的形状和位置。俯视图采用局部剖视图表达安全阀装置的结构原理，如附图13所示。

(2)装配图画图步骤

根据拟定的表达方案，按以下步骤绘制装配图。

1)选比例、定图幅、布图

按照部件的复杂程度和表达方案，选取装配图的绘图比例和图纸幅面。布图时，要注意留出标注尺寸、编序号、明细栏和标题栏以及填写技术要求的位置。在做好以上准备工作后，即可画图框、标题栏、明细栏，画各视图的主要基准线。

2)按装配关系依次绘制零件的投影

按齿轮泵的主要装配干线逐个绘制主要零件的投影。画图顺序为泵体→泵盖→轴→齿轮→其他零件。

画图时应注意以下几点：

①齿轮的两端面应与泵体、泵盖相接触,作图时应画成一条线;

②垫片很薄,画图时应夸大画出;

③填料压盖压紧填料时,进入泵体约 10 mm 为宜;

④齿轮泵液体进、出口的尺寸均为 G1/4;

⑤主动轴 8 与从动轴 15 的中心距为 $42^{+0.045}_{0}$;

⑥主动轴 8 的轴线至安装板底面的高度为 92 mm。

3)完成装配图

标注必要的尺寸,编写序号,填写明细栏和标题栏,注写技术要求,完成装配图。

(3)装配图绘图注意事项

①圆柱销直径 5 mm,垫片孔直径 6 mm,装配后二者之间有间隙,用夸大画法绘出,如图 4-4 所示。

②螺栓公称直径 6 mm,垫片孔直径 7 mm,泵盖孔直径 7 mm,装配后有间隙,用夸大画法绘出,如图 4-5 所示。

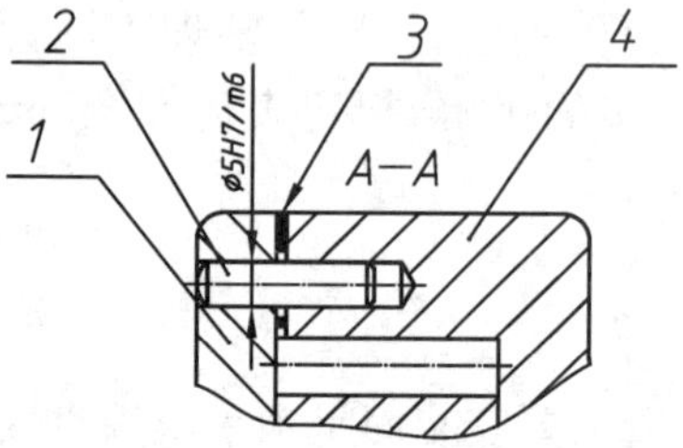

图 4-4 泵盖、圆柱销、垫片与泵体装配结构

1—泵盖 2—圆柱销 3—垫片 4—泵体

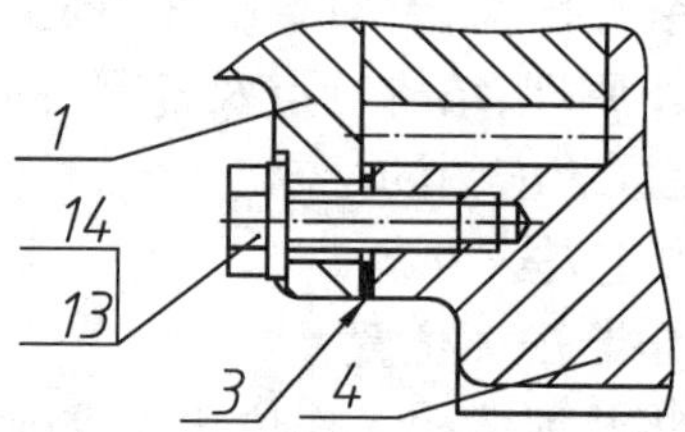

图 4-5 垫片、螺栓、垫圈与泵盖装配结构

1—泵盖 3—垫片 4—泵体 13—螺栓 14—垫圈

③键联结利用局部剖视图表达,注意键槽的投影;键的顶面与主动齿轮键槽之间的间隙用夸大画法表示;齿轮啮合区结构分别有主动齿轮的齿顶线与齿根线,从动齿轮的齿顶线(虚线可省略)与齿根线,两齿轮的节线相切画一条点画线,如图 4-6 所示。

④主动轴的直径为 18 mm,填料压盖的孔径为 18.5 mm,装配后二者之间有间隙,用夸大画法绘出,填料压盖压紧填料时,进入泵体 10 mm 左右,如图 4-7 所示。

⑤垫片内径 17 mm,螺塞尺寸代号 G3/8A,大径为 16.662 mm,如图 4-8 所示。

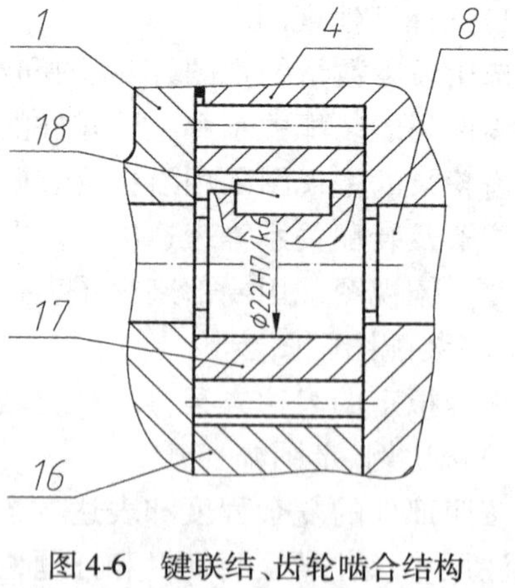

图 4-6 键联结、齿轮啮合结构

1—泵盖 4—泵体 8—主动轴 16—从动齿轮

17—主动齿轮 18—键

⑥垫片内孔直径 50 mm,主动齿轮和从动齿轮的齿顶圆直径 48 mm,在俯视图中应正确表示二者的宽度;泵体进、出液体孔结构的长度均为22 mm,齿轮轴向长度为 25 mm,在俯视图中正确表示二者的长度,如图 4-9 所示。

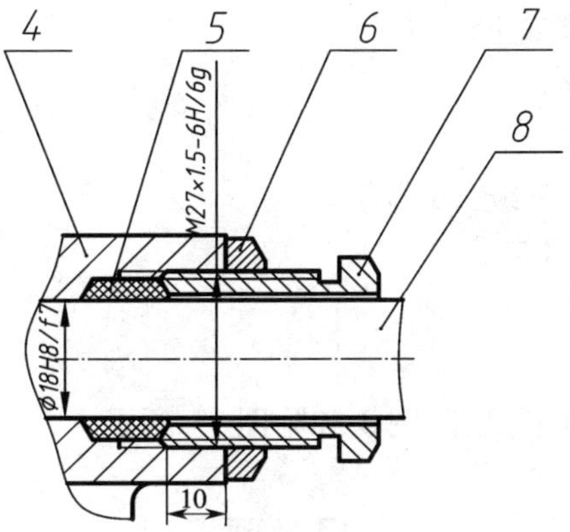

图 4-7　泵体、填料与填料压盖、锁紧螺母装配结构

4—泵体　5—填料　6—锁紧螺母　7—填料压盖　8—主动轴

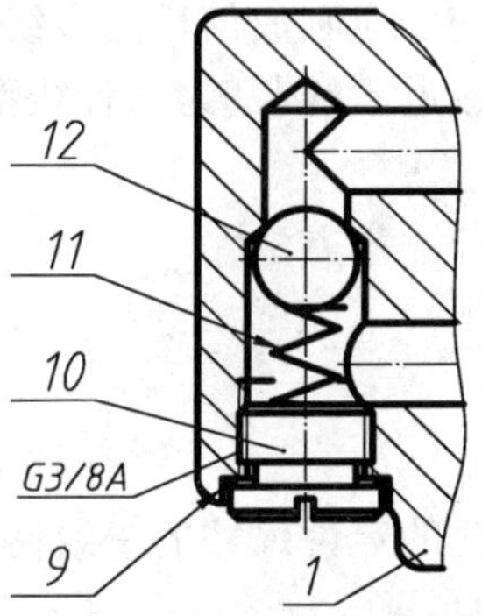

图 4-8　垫片、螺塞、弹簧、钢球与泵盖装配结构

1—泵盖　9—垫片　10—螺塞　11—弹簧　12—钢球

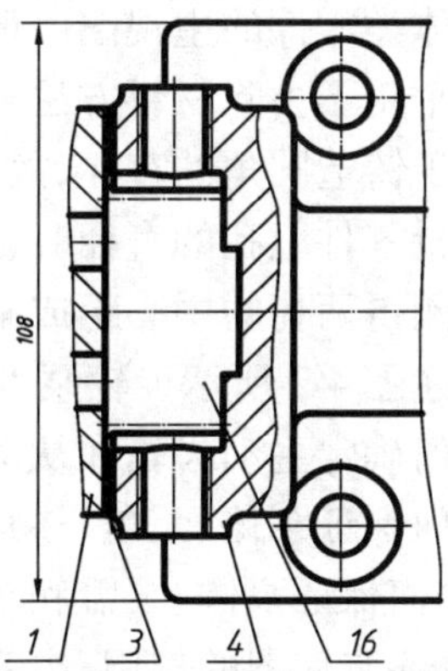

图 4-9　泵盖、垫片、从动齿轮与泵体装配结构

1—泵盖　3—垫片　4—泵体　16—从动齿轮

4.2.5　齿轮泵技术要求

①齿轮泵额定压力 1.4 MPa。

②当转速为 950 r/min 时,最大流量为 15 L/min。

③泵盖与齿轮的端面为间隙配合,其间隙用垫片调节。

④齿轮泵装配好后,用手转动主动轴,不得有卡阻现象。

⑤齿轮泵装配好后,不应有渗漏现象。

5　实验报告

5.5.1　实验报告要求

①在 A4 图纸上绘制主动轴 8 的零件草图。

②在 A3 图纸上绘制泵盖 1 的零件草图。

③在 A3 图纸上绘制泵体 4 的零件草图。

④在 A2 图纸上由齿轮泵零件图拼画出齿轮泵装配图。

⑤图中要求布局合理,字体端正,线型分明,比例匀称,图面整洁。

⑥齿轮泵标题栏绘制要求如下。

i. 制图:姓名,日期,5 号字。

ii. 比例:1∶1,5 号字。

iii. 单位名称:学校、专业、班级,10 号字。

iv. 图样名称:齿轮泵,10 号字。

v. 图号:PT1 -00,10 号字。

5.5.2 实验报告形式

实验报告形式如附图 6、附图 1、附图 3 和附图 13 所示。

思考题

1. 零部件测绘一般在何种情况下进行?
2. 箱体类零件的主视图一般应按何种位置摆放?
3. 两个用不去除材料方法获得的立体表面相交时,其相交处应画成何种图线线型?
4. 由于铸造圆角的存在,故该处的相贯线或截交线应画成过渡线,其为何种线型?
5. 测量零件上孔的直径时,通常使用何种测绘工具?
6. 要测得两孔的中心距或某个孔的中心高,通常采用何种测量方法?
7. 试述图 4-2 所示齿轮泵的拆装顺序。
8. 如何确定主动齿轮和从动齿轮的模数 m?
9. 如何保证泵体、泵盖、垫片的外形尺寸的一致性?
10. 如何保证泵体、泵盖和垫片上安装螺栓的螺纹孔、通孔的定位尺寸的一致性?
11. 试述装配图的作用、内容、图样画法、表达重点和作图步骤。
12. 附图 13 所示齿轮泵装配图中采用了哪些装配图的图样画法?
13. 图 4-2 所示齿轮泵中垫片的作用是什么?

第 5 章　AutoCAD 软件基本操作应用指导

AutoCAD 是美国 Autodesk 公司于 1982 年推出的通用计算机辅助绘图及设计软件包，广泛应用于机械、电子、土木工程、船舶、地质勘探和装潢设计等行业。它在全世界拥有众多的用户，是目前在微机上运行的功能最强、最受欢迎的计算机绘图及设计软件之一。AutoCAD 经过多次升级，已从当初相对简单的功能发展到具备大型 CAD 系统所必需的功能。与以前的版本相比，AutoCAD 2022 在界面、速度、功能和使用简便性等方面都有较大提高，本章介绍的内容适用于 AutoCAD 2022 版本。

1　绘制平面图形

1.1　实验目的

①熟悉 AutoCAD 用户界面及基本操作。
②学会设置图层、创建用户样板图。
③学会使用 AutoCAD 的基本绘图命令和编辑命令绘制平面图形。

1.2　实验要求

正确使用 AutoCAD 软件绘制平面图形。

1.3　实验工具

AutoCAD 软件，计算机。

1.4　实验内容及步骤

绘制图 5-1 所示手柄，不注尺寸。

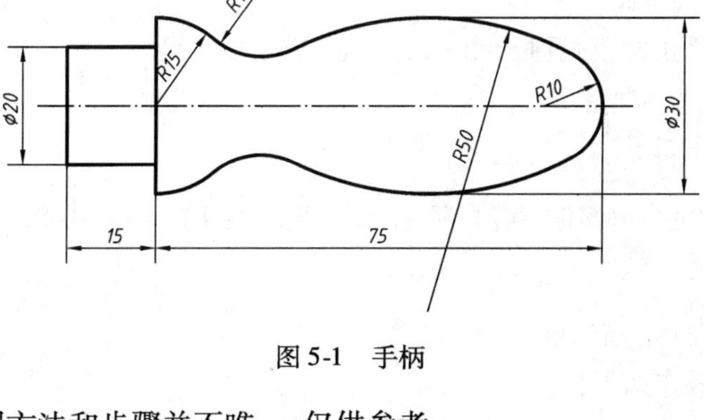

图 5-1　手柄

下面给出的作图方法和步骤并不唯一，仅供参考。

1.4.1 启动 AutoCAD

双击 AutoCAD 快捷方式图标，启动 AutoCAD。

1.4.2 建立 A4 样板图

①使用“LIMITS”(图形界限)命令设置绘图界限，如 A4 图纸设为 210 × 297，再使用“ZOOM”(缩放)命令的选项“All”(全部)缩放绘图窗口。

②使用“LAYER”(图层)命令设置图层、线型及颜色等(结果见图 5-2)：

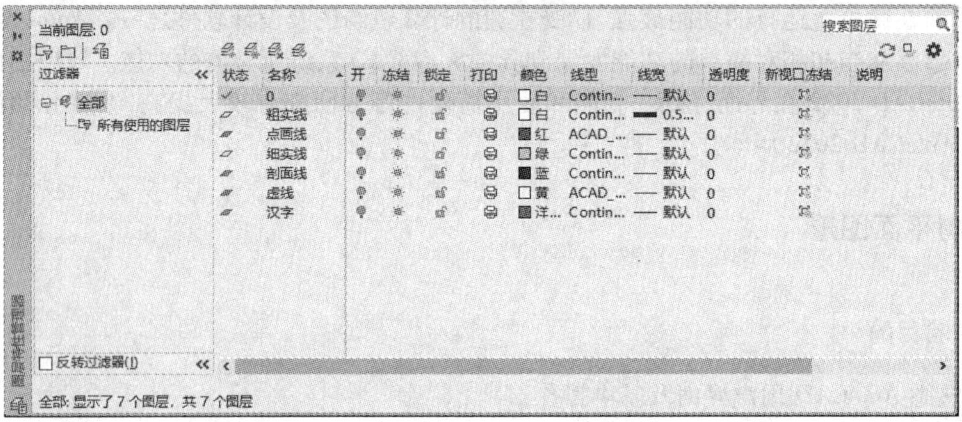

图 5-2 设置图层

i)“粗实线”层，线型为“Continuous”，颜色为“白”，线宽为“0.5 mm”，用于画粗实线；

ii)“点画线”层，线型为“ACAD _ ISO04W100”，颜色为“红”，用于画细点画线；

iii)“细实线”层，线型为“Continuous”，颜色为“绿”，用于画细实线、尺寸线等；

iv)“剖面线”层，线型为“Continuous”，颜色为“蓝”，用于画剖面线；

v)“虚线”层，线型为“ACAD _ ISO02W100”，颜色为“黄”，用于画细虚线；

vi)“汉字”层，线型为“Continuous”，颜色为“洋红”，用于书写汉字；

③使用“LTSCALE”命令设置线型全局比例因子为 0.25。

④执行“SAVE”(保存)命令，将图形保存为“A4.dwt”样板图文件。

1.4.3 作图

画已知线段→画中间弧→画连接弧→画图框。

①首先打开用户样板图“A4.dwt”。

②单击状态栏中“正交模式”按钮，打开正交模式。

③将“粗实线”层设为当前层。

④画基准线，操作如下：

单击 直线 →80,120 ↙→@ 100,0 ↙→↙(画出基准线 1)→↙→100,105 ↙→@ 0,30 ↙→↙(画出基准线 2)。

作图结果如图 5-3(a)所示。

⑤画矩形部分，操作如下：

单击 →15→单击基准线 2→单击基准线 2 左侧一点→↙→↙→10→单击基准线 1→单击基准线 1 上方一点→单击基准线 1→单击基准线 1 下方一点→↙。

作图结果如图 5-3(b)所示。

单击 →↙(选择全部图线为剪切边)→单击有“ ×”标记的部位→↙。

修剪结果如图 5-3(c)所示。

⑥画已知圆弧部分,操作如下:

单击→INT ↙→单击两条基准线的交点→15 ↙→↙→@ 65,0 ↙→10 ↙。

作图结果如图 5-3(d)所示。

⑦画中间圆弧部分,操作如下:

单击 →15 ↙→单击基准线 1→单击基准线 1 上方一点→↙。

单击→T ↙→单击直线 3→单击有“ ×”标记的部位→50 ↙。

作图结果如图 5-3(e)所示。

⑧画连接圆弧部分,操作如下:

单击→T ↙→单击 R50 的圆→单击 R15 的圆→12 ↙。

作图结果如图 5-3(f)所示。

⑨整理图形,操作如下:

单击 →单击标有“□”标记的图线→↙。

使用“TRIM”命令整理图形,结果如图 5-3(g)所示。

⑩镜像复制图形,操作如下:

单击 →↙→单击基准线 1 的左端点→单击基准线 1 的右端点→↙。

作图结果如图 5-3(h)所示。

⑪将基准线 1 改变为用点画线表示,操作如下:

单击左键选中基准线 1→单击右键弹出菜单→单击 特性(S) ,弹出“特性”对话框→单击“特性”对话框的“图层”项右侧,在列表中选择“点画线”,然后关闭“特性”对话框,并按“Esc”键。最后,所绘图形如图 5-3(i)所示。

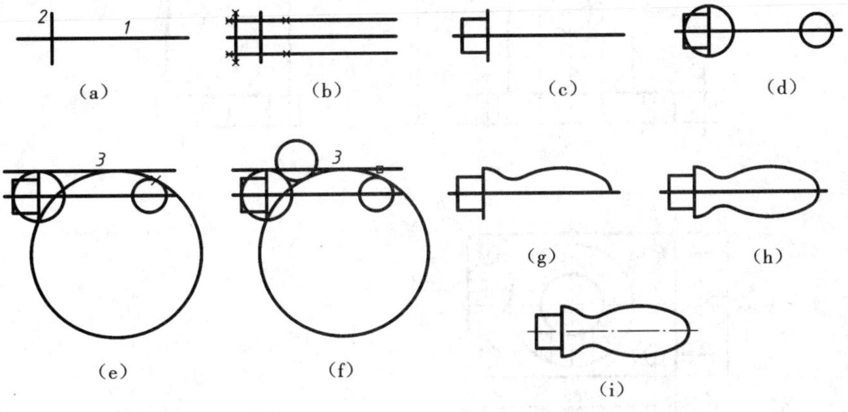

图 5-3　绘制手柄步骤和方法

(a)画基准线　(b)画矩形　(c)修剪图线　(d)画已知圆弧　(e)画中间圆弧

(f)画连接圆弧　(g)整理图形　(h)镜像图形　(i)修改并完成

⑫用“保存”命令将图形保存为“学号姓名 - 手柄. dwg”文件。

1.5 实验报告

①在 A4 图纸上按 1∶1比例画图 5-1 所示手柄平面图，粗实线宽度 $d = 0.5$ mm。
②要求布局合理，结构特征表达清楚，不需要标注尺寸。
③提交“学号姓名 - 手柄. dwg”图形文件。

2 绘制组合体三面投影图

2.1 实验目的

①学会绘制三面投影图的方法。
②学会使用 AutoCAD 的基本绘图命令和编辑命令绘制图形。

2.2 实验要求

正确使用 AutoCAD 软件绘制组合体的三面投影图；注意逐个画出每个形体的三面投影图；根据作图需要，可随时进行显示的缩放操作。

2.3 实验工具

AutoCAD 软件，计算机。

2.4 实验内容及步骤

绘制图 5-4 所示组合体三面投影图，不注尺寸。

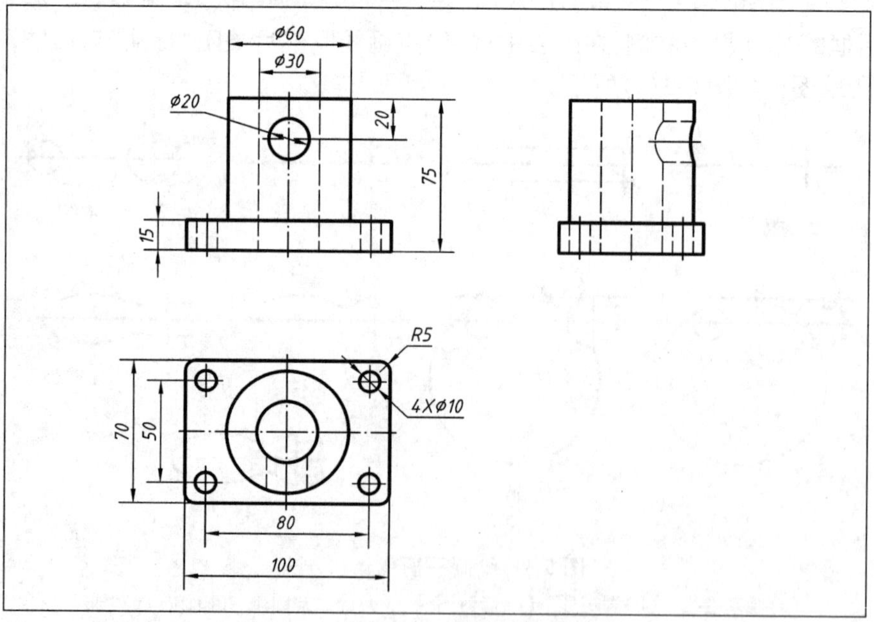

图 5-4 组合体的三面投影图及尺寸

2.4.1　启动 AutoCAD

双击 AutoCAD 快捷图标,启动 AutoCAD。

2.4.2　建立 A3 样板图

设置图层的方法参见 1.4.2 节,A3 图幅为 420×297。

2.4.3　画三面投影图

(1)绘制基准线

组合体的三面投影图要符合“长对正、高平齐、宽相等”的投影规律。因此,在绘制图形前,应首先画出三面投影图的基准线,以确定其在图幅中的大致位置,如图 5-5 所示。

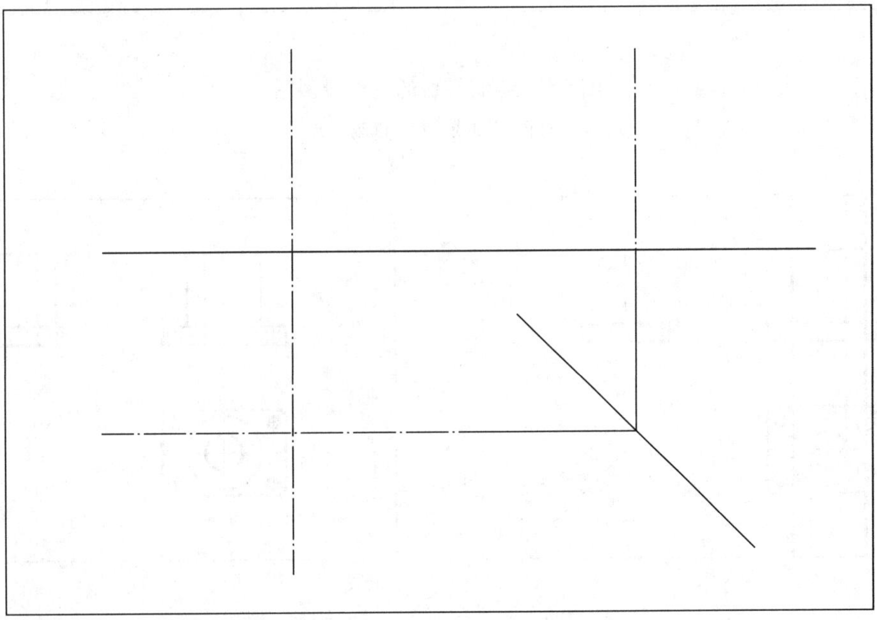

图 5-5　画基准线和 45°辅助作图线

(2)绘制底板

①用“OFFSET”(偏移)命令快速绘制底板三面投影图的大致轮廓,如图 5-6(a)所示。

②用“TRIM”(修剪)命令和“ERASE”(删除)命令去掉多余图线。

③用“PROPERTIES”(特性)命令更改部分图线到“粗实线”层,如图 5-6(b)所示。

(3)绘制空心圆柱

①在“粗实线”层,用“CIRCLE”(圆)命令画出空心圆柱的水平投影。

②在“粗实线”层,用“XLINE”(构造线)命令“长对正”地画出外圆柱面的正面投影。

③在“虚线”层,用“XLINE”(构造线)命令“长对正”地画出内圆柱面的正面投影。

④用“OFFSET”(偏移)命令画空心圆柱上底面的正面投影,结果见图 5-7(a)。

⑤用“TRIM”(修剪)命令和“ERASE”(删除)命令去掉多余图线。

⑥用“COPY”(复制)命令将圆筒的正面投影复制到侧面投影。

⑦用“LENGTHEN”(拉长)命令整理点画线,使其超出轮廓线 2 mm,如图 5-7(b)所示。

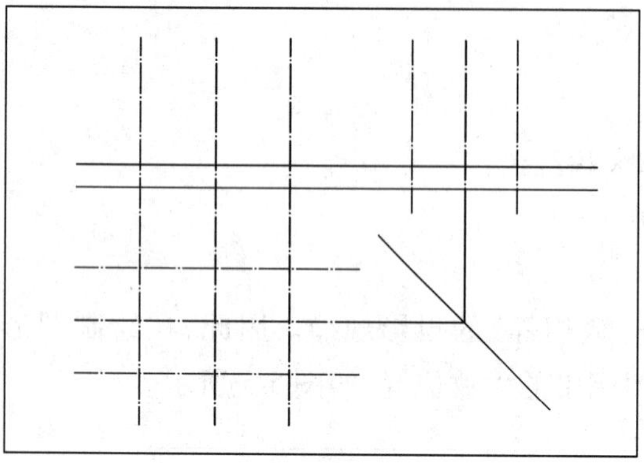

（a）

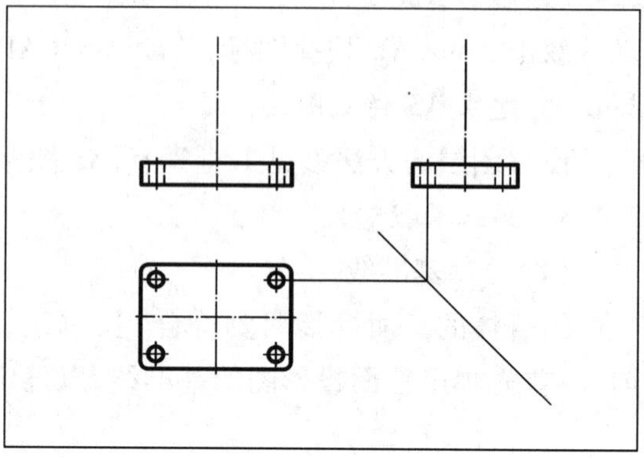

（b）

图 5-6　绘制底板的三面投影图

（a）偏移图线　（b）修改图形

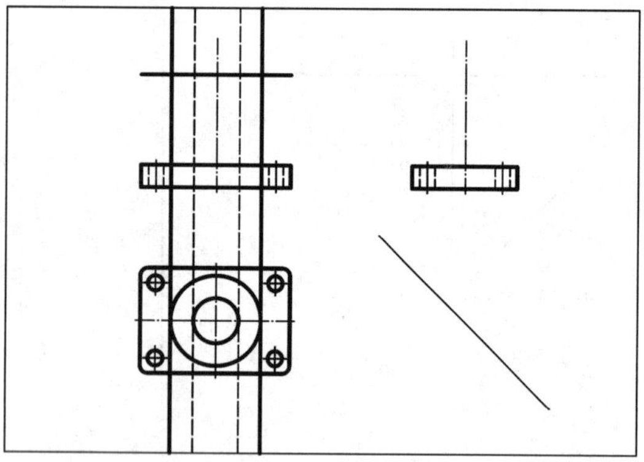

（a）

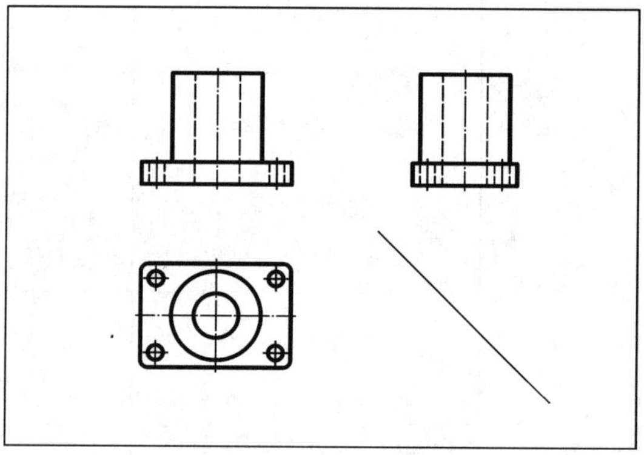

（b）

图 5-7　绘制空心圆柱的三面投影图

（a）偏移图线　（b）修改图形

（4）绘制圆柱孔

①在“粗实线”层，用“CIRCLE”（圆）命令画圆柱孔 $\Phi20$ 的正面投影。

②在“虚线”层，用“LINE”（直线）命令画圆柱孔 $\Phi20$ 的水平投影。

③在“虚线”层，用“XLINE”（构造线）命令及 45°辅助作图线，按照“高平齐”“宽相等”找到点 P_1 至 P_6 的侧面投影，结果见图 5-8（a）。

④在“虚线”层，用“CIRCLE（圆）”命令的过三点画圆法，画出圆柱孔与空心圆柱相贯线的侧面投影。

⑤在“虚线”层，用“LINE”（直线）命令画圆柱孔 $\Phi20$ 的侧面转向轮廓线的投影。

⑥用“TRIM”（修剪）命令和“ERASE”（删除）命令去掉多余图线。

⑦用“LENGTHEN”（拉长）命令整理点画线，使其超出轮廓线 2 mm，如图 5-8（b）所示。

（5）完成作图

删除作图辅助点 P_1 至 P_6，完成图 5-4 所示组合体的三面投影图（不标注尺寸），并将图形保存为“学号姓名－组合体.dwg”文件。

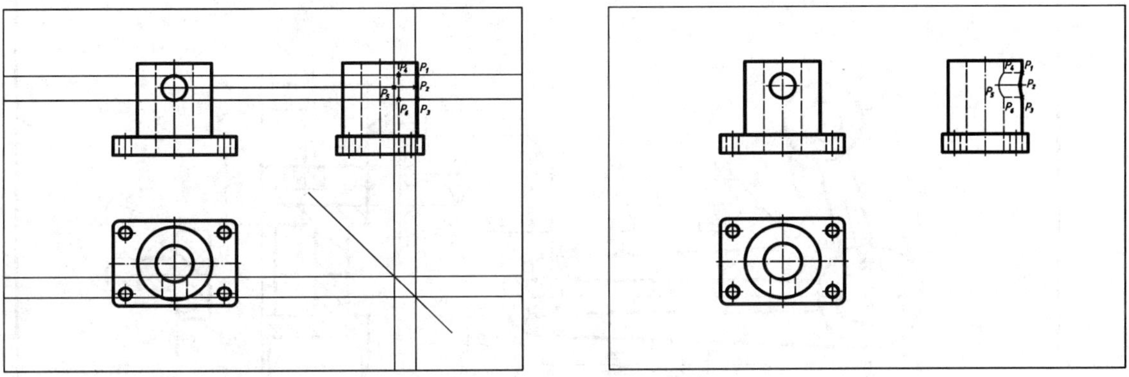

（a）　　（b）

图 5-8　绘制圆柱孔的三面投影图

（a）相贯线“三点”近似画法　（b）修改图形

2.5　实验报告

①在 A3 图纸上，按 1:1 比例画图 5-4 所示组合体三面投影图，粗实线宽度 $d=0.5$ mm。

②要求布局合理，结构特征表达清楚，不需要标注尺寸。

③提交“学号姓名－组合体.dwg”图形文件。

3　绘制零件图

3.1　实验目的

①学会设置文字样式的基本操作。

②学会设置尺寸样式及尺寸标注的基本操作。

③学会绘制零件图的方法。

3.2　实验要求

正确使用 AutoCAD 软件绘制零件图，注意尺寸公差和表面结构要求的注法。

3.3　实验工具

AutoCAD 软件，计算机。

3.4　实验内容及步骤

绘制如图 5-9 所示杠杆零件图。

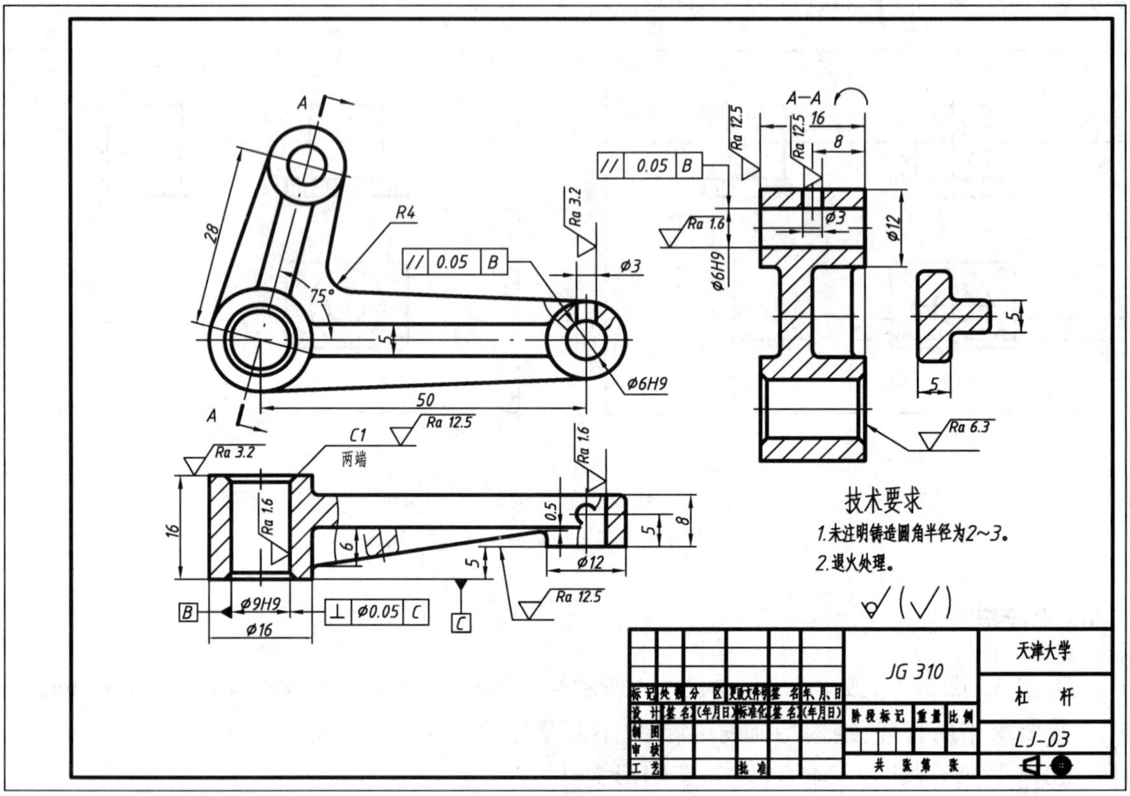

图 5-9　杠杆零件图

3.4.1　启动 AutoCAD

双击 AutoCAD 快捷图标,启动 AutoCAD。

3.4.2　设置文字样式

①使用“NEW”(新建)命令装入用户样板图“A3. dwt”。

②执行“STYLE”命令,显示“文字样式”对话框。

③单击“新建(N)...”按钮,显示“新建文字样式”对话框;输入新样式名“CAD 图样”后,单击“确定”按钮,返回“文字样式”对话框。

④单击“字体名(F)”下拉列表中的箭头,查找并选择“gbeitc. shx”。

⑤勾选“使用大字体(U)”复选框,并在“大字体(B)”下拉列表框中选择“gbcbig. shx”。

⑥“宽度因子(W)”设为 1.0000;“倾斜角度(O)”设为 0;“高度(T)”设为 0.0000。

⑦单击“应用”按钮,完成文字样式“CAD 图样”设置,如图 5-10 所示。

⑧使用“SAVEAS”(另存为)命令保存用户样板图“A3. dwt”。

3.4.3　设置尺寸标注样式

①使用“QNEW”(快速新建)或“NEW”(新建)命令装入用户样板图“A3. dwt”。

②执行“DIMSTYLE”(标注样式)命令,显示“标注样式管理器”对话框,如图 5-11 所示。

③单击“新建(N)...”按钮,弹出“创建新标注样式”对话框,键入“机械图样”新样式名(图 5-12),单击“继续”按钮,弹出“新建标注样式”对话框。

④设置“线”选项卡。在“尺寸线”区,设“基线间距(A)”的值为 7;在“尺寸界线”区,设

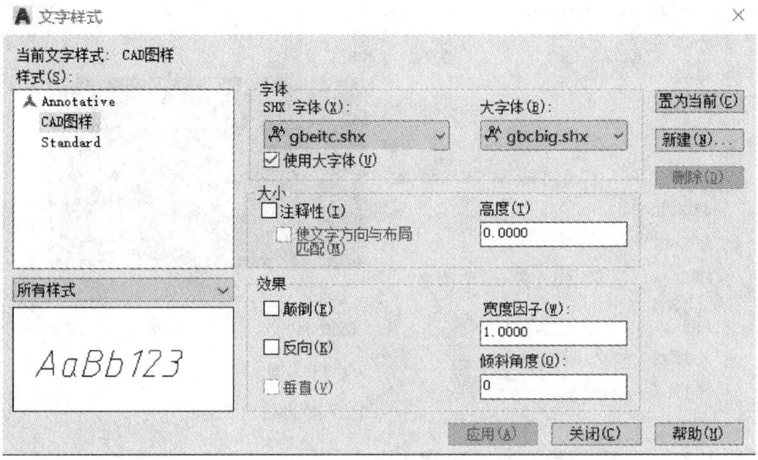

图 5-10　“文字样式”对话框

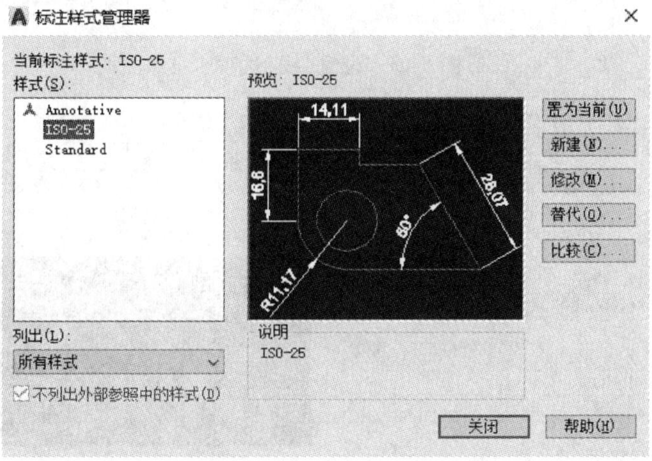

图 5-11　“标注样式管理器”对话框

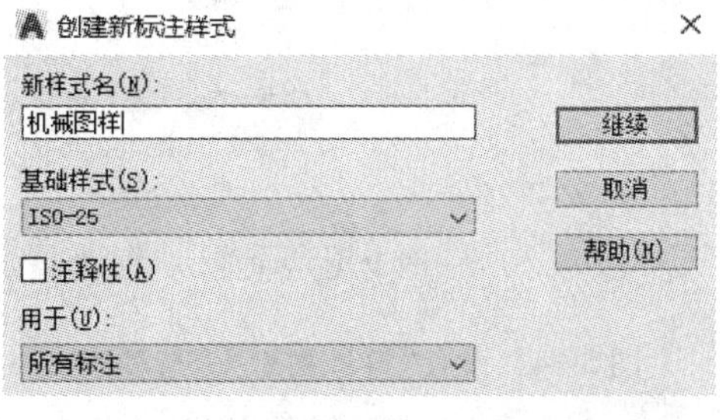

图 5-12　“创建新标注样式”对话框

“超出尺寸线(X)”的值为 2,“起点偏移量(F)”的值为 0,如图 5-13 所示。

⑤设置“符号和箭头”选项卡。在“箭头”区,箭头形式设为“实心闭合”;“箭头大小(I)”的值一般等于字高,如设为 3. 5;在“圆心标记”区点取“无”;在“弧长符号”区点取“标注文字

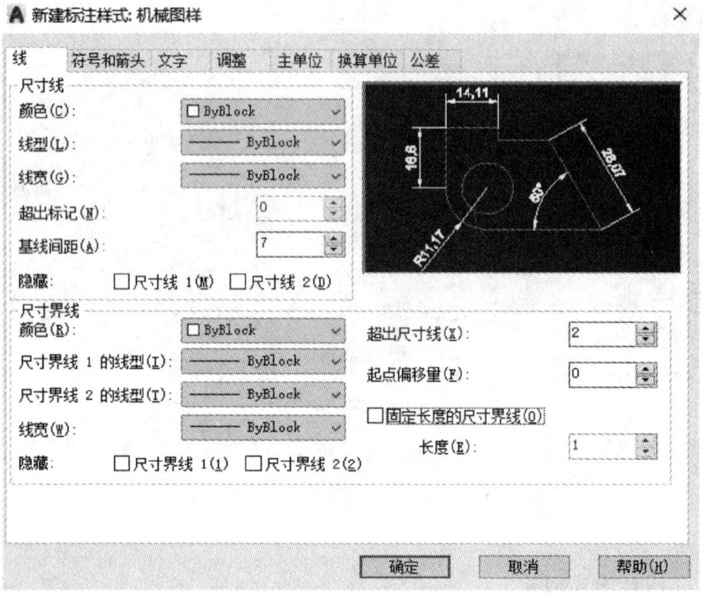

图 5-13　设置"线"选项卡

的前缀(P)",如图 5-14 所示。

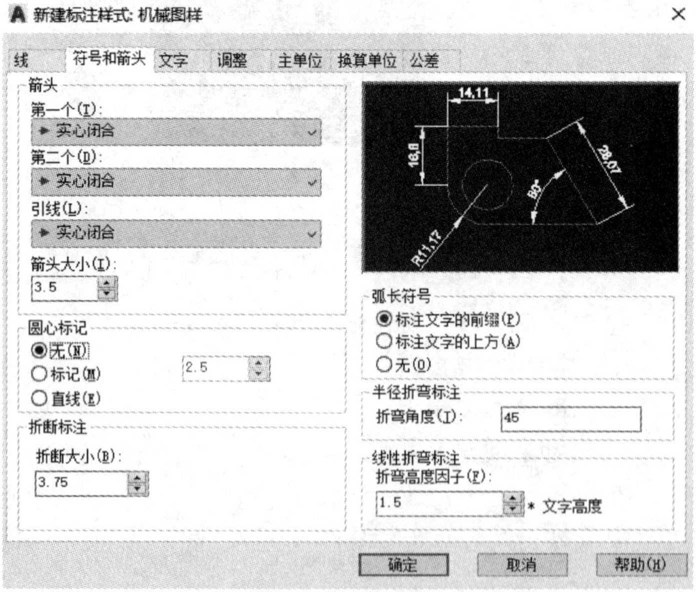

图 5-14　设置"符号和箭头"选项卡

⑥设置"文字"选项卡。在"文字外观"区选"文字样式(Y)"为"CAD 图样";如果下拉列表中没有这个文字样式,则选取该选项右端的[...]按钮,新定义一种文字样式。设"文字高度(T)"的值为 3.5;在"文字位置"区设"从尺寸线偏移(O)"的值为 1。设"文字对齐(A)"为"与尺寸线对齐",如图 5-15 所示。

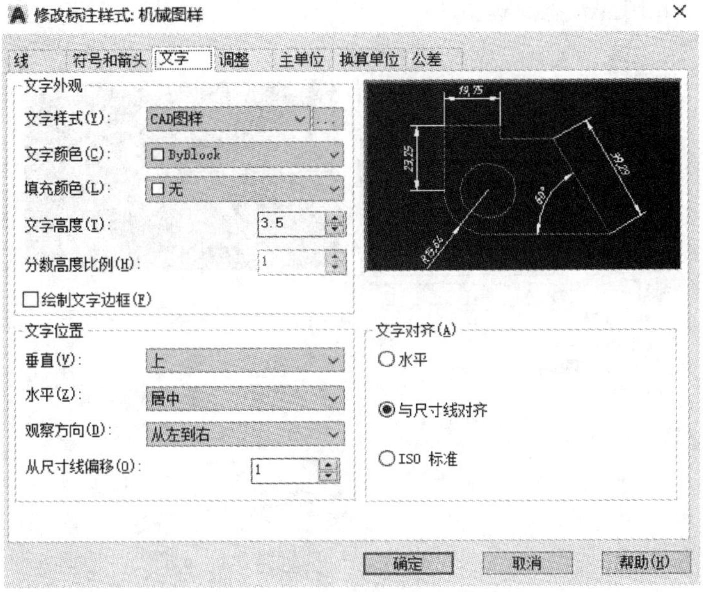

图 5-15　设置“文字”选项卡

⑦设置“调整”选项卡。在“调整选项(F)”区,选择“文字或箭头”;在“优化(T)”区,勾选“手动放置文字(P)”和“在尺寸界线之间绘制尺寸线(D)”,如图 5-16 所示。

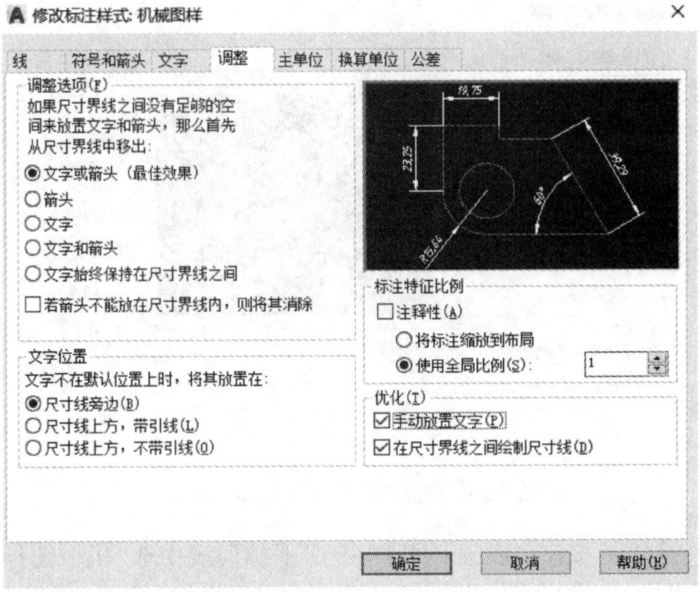

图 5-16　设置“调整”选项卡

⑧设置“主单位”选项卡。在“线性标注”区,选择“小数分隔符(C)”为“.”(句点);“精度(P)”设为“0”,如图 5-17 所示。

⑨单击“确定”按钮,返回“标注样式管理器”对话框。在“样式(S)”列表框中增加了一个

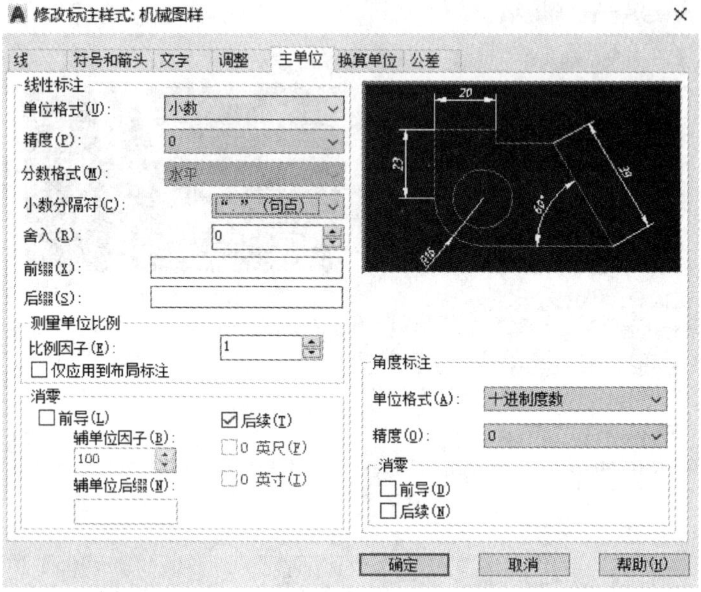

图 5-17　设置“主单位”选项卡

新尺寸标注样式名“机械图样”(图 5-18)。该样式可用于所有线性尺寸的标注,也可作为基础样式设置“角度”“半径”和“直径”标注。

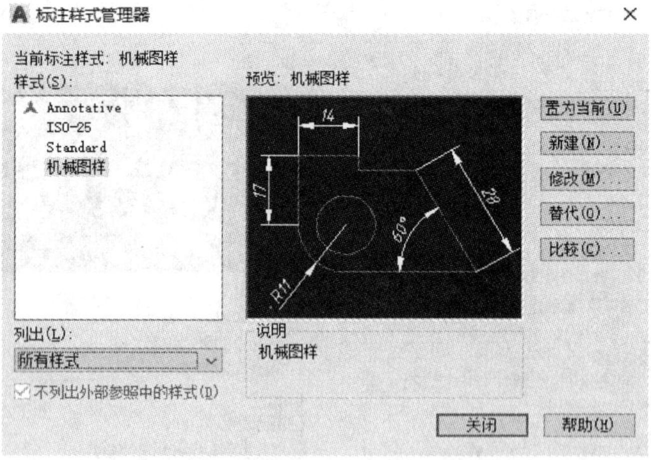

图 5-18　完成“机械图样”基本设置

⑩单击“新建(N)...”按钮,在“基础图样(S)”下拉列表中选“机械图样”项(图 5-18);在“用于(U)”下拉列表中选“角度标注”项(图 5-19),单击“继续”按钮。在“文字”选项卡的“文字位置”区,修改“垂直(V)”为“居中”;在“文字对齐(A)”区,选择“水平”单选按钮(图 5-20)。单击“确定”按钮,返回“标注样式管理器”对话框。在“样式(S)”列表框中“机械图样”样式名下新增加了一个“角度”标注类型(图 5-21),用于标注角度尺寸。

⑪单击“新建(N)...”按钮,显示“创建新标注样式”对话框。接下来,在“基础图样(S)”下拉列表中选“机械图样”项;在“用于(U)”下拉列表中选“半径标注”项,单击“继续”按钮。

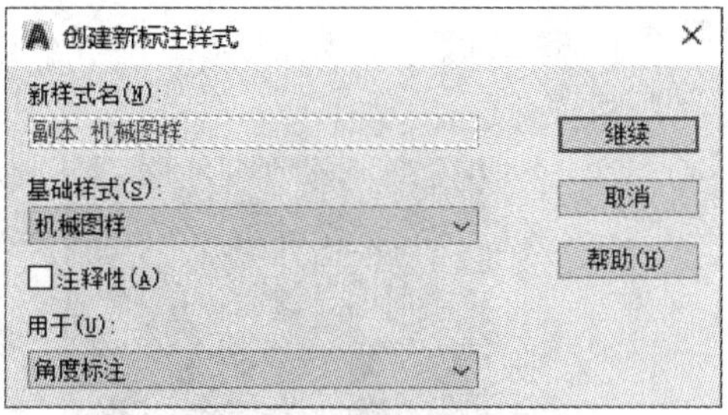

图 5-19　创建角度标注样式

然后,在“文字”选项卡的“文字对齐(A)”区,选择“ISO 标准”单选按钮;在“调整”选项卡的“调整选项(F)”区,选择“文字”;单击“确定”按钮,返回“标注样式管理器”对话框。此时,在“样式(S)”列表框中“机械图样”样式名下新增加了一个“半径”标注类型,用于标注半径尺寸。

⑫采用同样的方法设置“直径”尺寸样式。其中,在“文字”选项卡的“文字对齐(A)”区,选择“ISO 标准”。在“调整”选项卡的“调整选项(F)”区,选择“文字”。

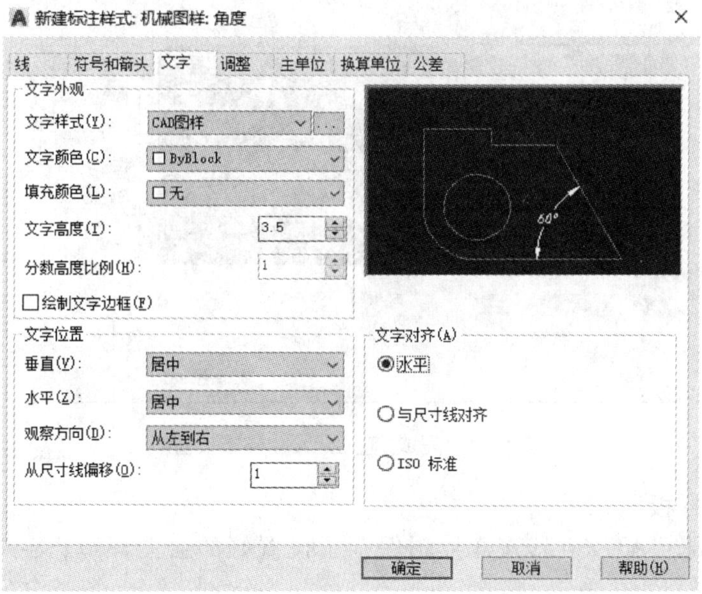

图 5-20　“角度”标注样式下“文字”选项卡设置

⑬单击尺寸标注样式名“机械图样”,再单击“置为当前(U)”按钮,将“机械图样”样式设为当前样式(图 5-22)。单击“关闭”按钮,结束“DIMSTYLE”(标注样式)命令。

⑭使用“SAVEAS”(另存为)命令,重新保存样板图“A3. dwt”。

3. 4. 4　作图步骤

下面给出的作图方法和步骤并不唯一,仅供参考。

画视图→画剖面线→标注尺寸→注写技术要求→标题栏。

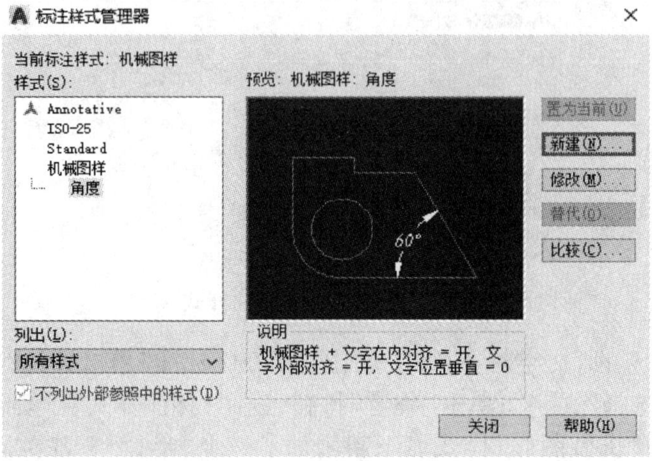

图 5-21　完成“角度”标注样式设置

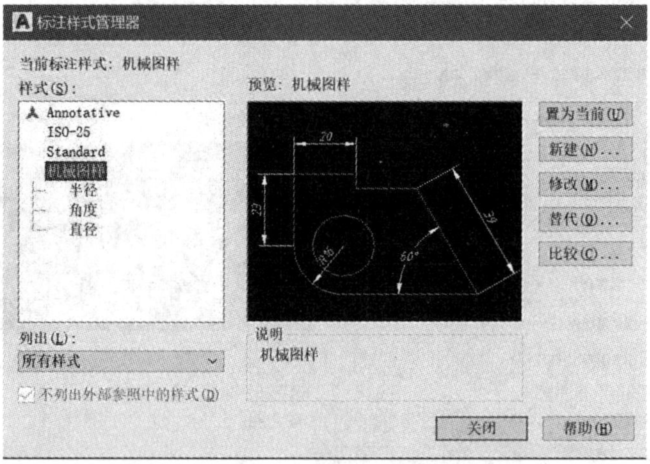

图 5-22　完成“直径”尺寸样式设置

(1)加载用户样板

装入用户样板图“A3. dwt”，该样板图保存了设置好的绘图环境、文字样式和尺寸标注样式。

(2)绘制杠杆的三视图

首先使用各种绘图命令完成杠杆轮廓线的绘制。需要注意小的工艺结构，如铸造圆角、倒角等。使用 SPLINE(样条曲线)命令和 BHATCH(图案填充)命令，绘制剖视图和断面图。注意剖视符号、字母和旋转符号的绘制，如图 5-23 所示。

(3)尺寸标注与技术要求

采用各种尺寸标注命令，在杠杆三视图中添加尺寸。注意倒角、角度等尺寸的标注。使用绘图命令和复制、移动、旋转等图形编辑命令，添加表面结构代号和几何公差代号。使用 TEXT(单行文字)命令书写技术要求。

(4)绘制标题栏

使用绘图命令、图形编辑命令和 TEXT(单行文字)命令绘制并填写标题栏,完成全图(图5-9),将该零件图保存为“学号姓名 - 杠杆. dwg”文件。

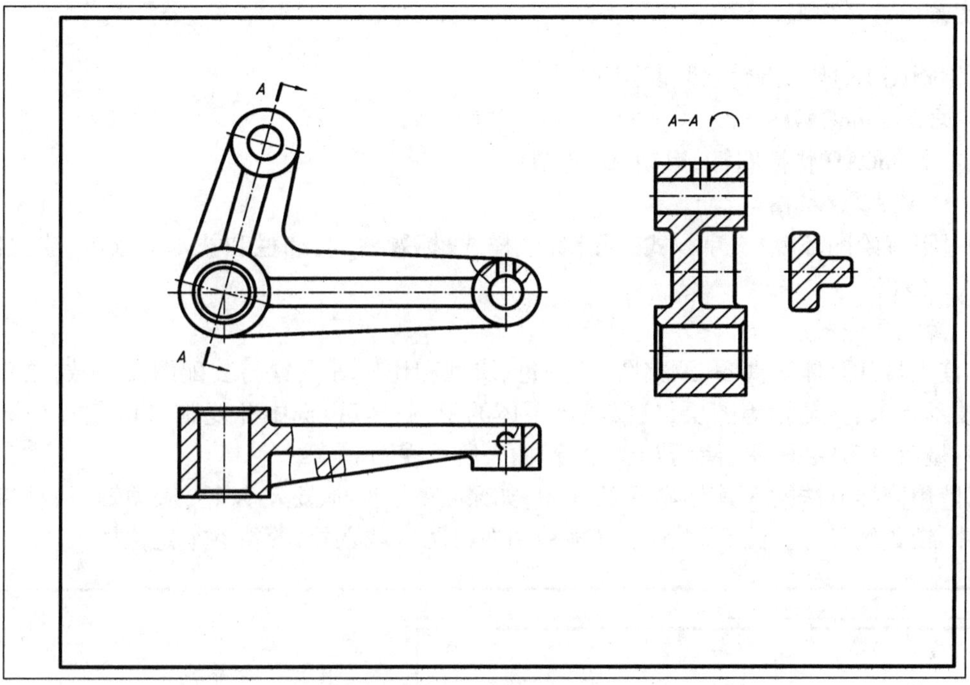

图 5-23　杠杆的三视图

3.5　实验报告

①在 A3 图纸上,按 1:1比例画图 5-9 所示杠杆零件图,粗实线宽度 $d=0.5$ mm,尺寸数字为 3.5 号。

②要求结构特征表达清楚,尺寸标注准确,技术要求完整。

③提交“学号姓名 - 杠杆. dwg”图形文件。

4　绘制装配图

4.1　实验目的

学会绘制装配图的方法。

4.2　实验要求

正确使用 AutoCAD 软件绘制装配图。注意每插入一个零件的视图,随即修改投影。

4.3 实验工具

AutoCAD 软件,计算机。

4.4 实验内容及步骤

绘制附图 13 所示齿轮泵装配图。

4.4.1 启动 AutoCAD

双击 AutoCAD 快捷图标,启动 AutoCAD。

4.4.2 建立 A2 样板图

通过设置绘图环境、文字样式、尺寸标注样式、标题栏、明细栏和技术要求等,建立样板图文件“A2. dwt”。

4.4.3 插入零件图

①首先打开泵体零件图,调整图层、颜色、线型和比例等设置与装配图相一致;接着,关闭尺寸、技术要求、标题栏等图层,仅仅显示泵体的视图;然后,选中并复制(Ctrl 键 + C 键)泵体的视图;最后,打开装配图,使用 Ctrl + V 键插入所选视图。

②使用同样方法插入其他零件的视图,如泵盖、主动轴、主动齿轮、从动轴、从动齿轮、螺塞、垫片、锁紧螺母等。图 5-24 所示其他视图在绘图区域之外,等待逐个定位插入。

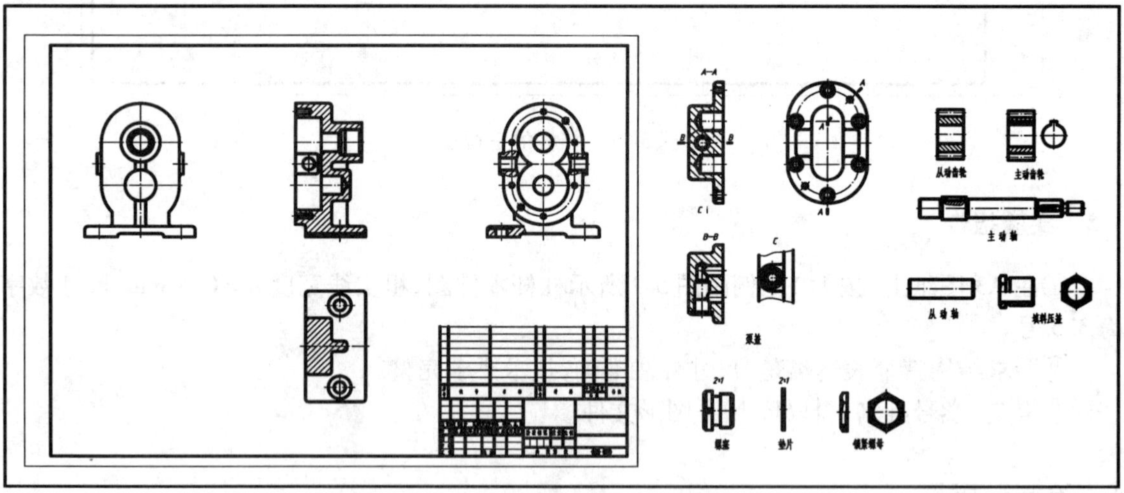

图 5-24 齿轮泵装配图绘图步骤 1

③打开目标捕捉功能,将泵盖的三视图准确地装配到泵体的三视图中,注意泵盖和泵体的接触面画一条线。为了表达泵体的内腔结构,泵体的俯视图采用局部剖画法,如图 5-25 所示。

④依序装配主动轴、主动齿轮、从动轴、从动齿轮、安全阀结构和填料函结构。每插入一个零件,都要检查哪些图线被挡住,然后擦除(ERASE)或修剪(TRIM)多余的投影。采用“PROPERTIES”(特性)命令修改相邻两个零件的剖面线方向和间隔。

⑤螺纹紧固件、销、键、钢球等属于标准件,采用查表法或比例法画出它们的视图,注意螺纹连接处的画法。

⑥根据表达需要,画零件 1、10C 向视图,最后整理点画线等图线,如图 5-26 所示。

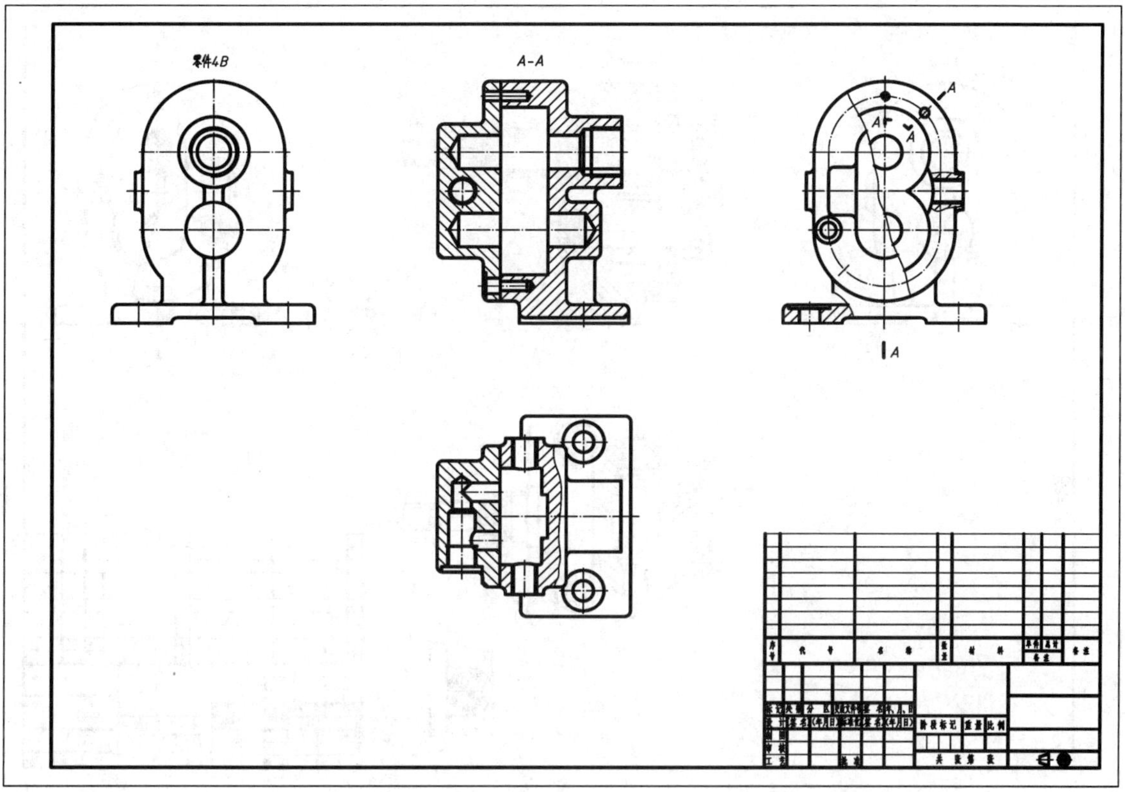

图 5-25　齿轮泵装配图绘图步骤 2

4.4.4　标注尺寸及填写标题栏和明细栏等

标注尺寸→编写零件序号→画图框→插入标题栏→画明细栏→写字。

①参考零件图标注全装配图的尺寸，包括特性尺寸、配合尺寸、连接尺寸、相对位置尺寸、外形尺寸、安装尺寸等。

②绘制序号和明细栏，并用“TEXT”（单行文字）命令填写标题栏和明细栏。

③用“SAVE”（保存）命令保存图形为“学号姓名 - 齿轮泵. dwg”文件。

4.5　实验报告

①按照附图 13 所示，将齿轮泵的各个零件图拼画成装配图，粗实线宽度 d = 0.5 mm，尺寸数字为 3.5 号。

②在 A2 图纸上，按 1∶1 比例画齿轮泵装配图，要求装配结构准确。

③提交“学号姓名 - 齿轮泵. dwg”图形文件。

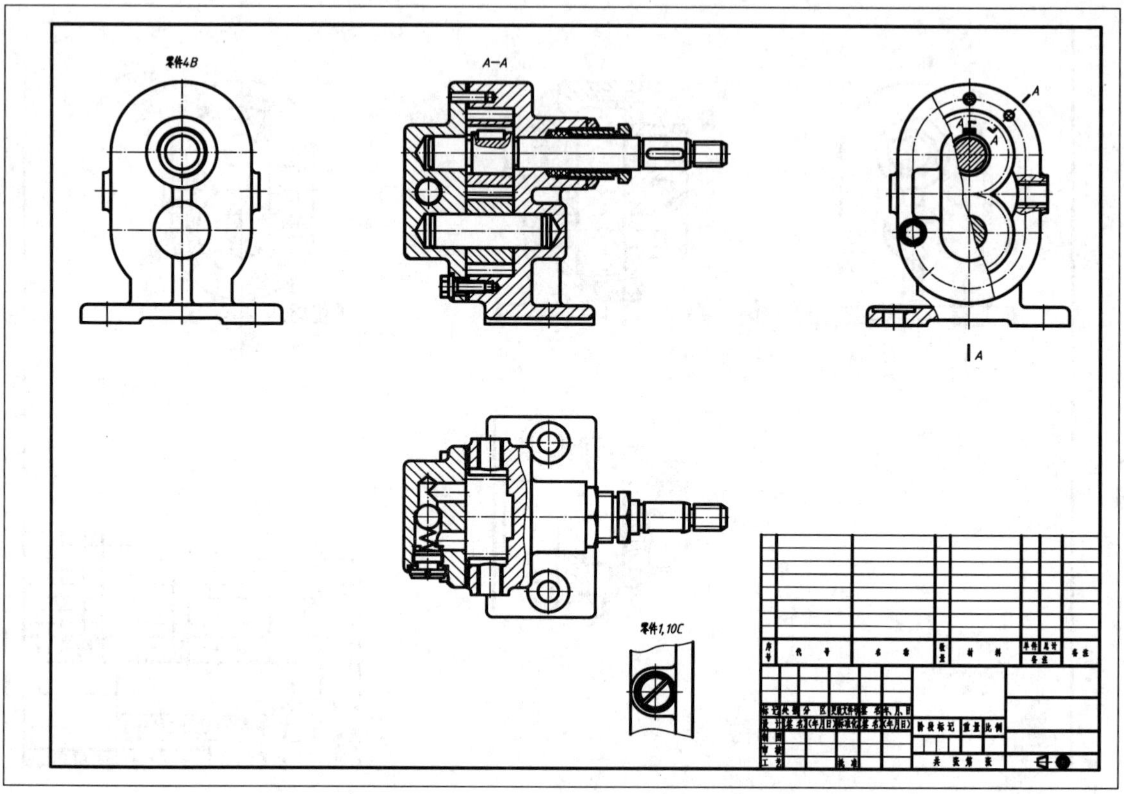

图 5-26　齿轮泵装配图绘图步骤 3

思考题

1. 显示缩放的含义是什么？有哪些操作方法？

2. 用户样板图的作用是什么？用户样板图应包含哪些内容？

3. 如何画三面投影图？哪些方法更方便快捷？

4. 图 5-9 所示采用三点法画两圆柱正交的相贯线，如何用圆弧代替曲线画出两圆柱正交的相贯线？

5. 如何标注尺寸公差？若尺寸标注出现错误，如何修改？

6. 如何能更方便快捷地填写明细栏？

第6章 Pro/ENGINEER软件基本操作应用指导

本教材中所指 Pro/ENGINEER 软件均指 Pro/ENGINEER 5.0 版本软件。Pro/ENGINEER 操作软件是美国参数技术公司(PTC)旗下的 CAD/CAM/CAE 一体化的三维软件。Pro/ENGINEER 软件以参数化著称,是参数化技术的最早应用者,在目前的三维造型软件领域中占有着重要地位。Pro/ENGINEER 作为当今世界机械 CAD/CAE/CAM 领域的新标准而得到业界的认可和推广,是现今主流的 CAD/CAM/CAE 软件之一,特别是在国内产品设计领域占据重要位置。

通过本章实践学习了解三维参数化软件建模思路,掌握运用 Pro/ENGINEER 软件进行草图绘制、实体造型、零件建立、装配体生成及工程图制作方法。完成本课程计划的齿轮泵零件、装配体造型及主要零件工程图制作。

1 草图绘制

1.1 实验目的

①熟悉 Pro/ENGINEER 用户界面及基本操作。

②掌握 Pro/ENGINEER 的基本草图绘制基本命令及使用方法。

③掌握约束作用及添加方法。

1.2 实验要求

本节实践要求熟悉 Pro/ENGINEER 用户界面及其文件基本的操作。掌握 Pro/ENGINEER 的绘图命令、编辑命令和约束条件绘制平面图形。根据所给平面图形的形状、尺寸及约束要求,完成草图的绘制。

1.3 实验工具

Pro/ENGINEER 5.0 版本软件,计算机。

1.4 实验内容及步骤

1.4.1 启动 Pro/ENGINEER 软件

双击桌面 Pro/ENGINEER 快捷图标,或从程序 - PTC-Pro ENGINEER 启动软件,或从安装目录下 C:/Program Files/proeWildfire 5.0/bin/Pro ENGINEER.exe 启动软件,如图 6-1 所示。

1.4.2 进入草绘模块

创建三维基本实体,必须先画出实体的剖面,然后再经过拉伸、旋转、扫描和混合等方式建立起实体模型。剖面即二维几何图形,这里把绘制实体的剖面称为草绘。草绘环境界面如图 6-2 所示。

1.4.3 绘制正六边形草图

①设置当前工作目录。

图 6-1 Pro/ENGINEER 5.0 启动界面

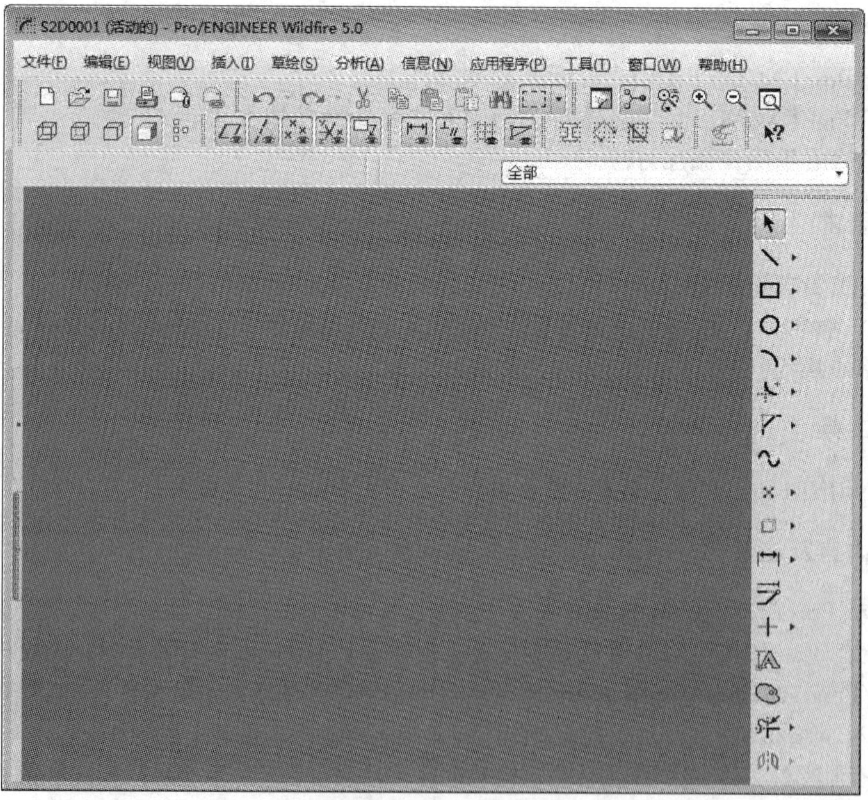

图 6-2 草绘环境界面

②建立新草图文件。

③绘制上下两条线平行的任意六边形草图,如图 6-3(a)所示。

④设定几何约束。约束设定方法有多种,可根据需要自行设计。如:

i. 可设定6条线段等长,如图6-3(b)所示。

ii. 1点和2点水平对齐,如图6-3(c)所示。

iii. 过3点、4点画中心线,添加2点、5点关于中心线的对称约束,如图6-3(d)所示。

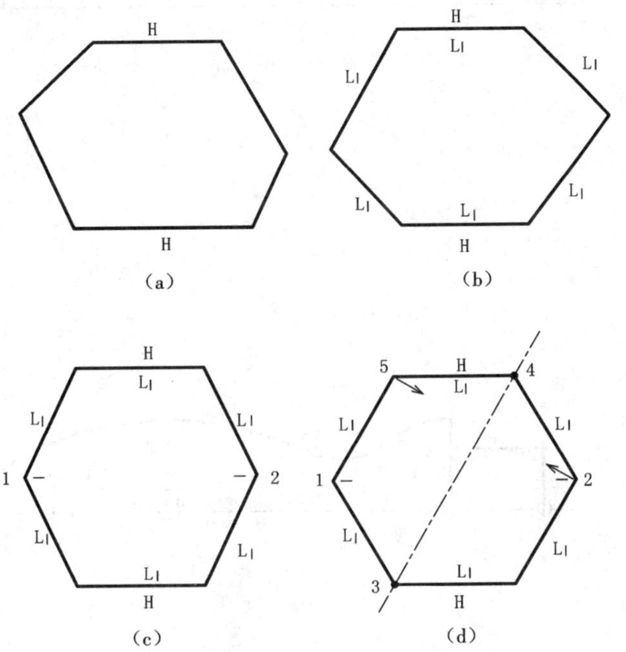

图6-3 绘制正六边形

(a)上下两条线平行的任意六边形 (b)添加等长约束 (c)添加水平对齐约束 (d)添加对称约束

⑤保存文件。

1.4.4 绘制手柄草图

①设置当前工作目录。

②建立新草图文件。

③绘制手柄草图,如图6-4(a)所示。

④设定几何约束,如图6-4(b)所示。

i. 使弧4中心位于直线3与中心线的交点处。

ii. 使弧7中心位于中心线上。

iii. 依次使弧4、5、6、7相切连接。

⑤标注尺寸并修改尺寸数值,如图6-4(c)所示。

⑥镜像已绘制好的图线。

⑦保存文件。

1.5 实验报告要求

①按尺寸完成如图6-5所示1:1手柄草图。

②图形正确。

③约束完整,没有欠约束和过约束现象。

④尺寸完整。

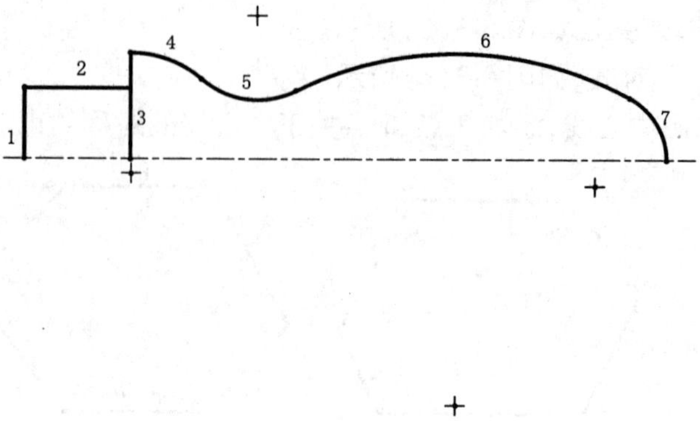

(a)

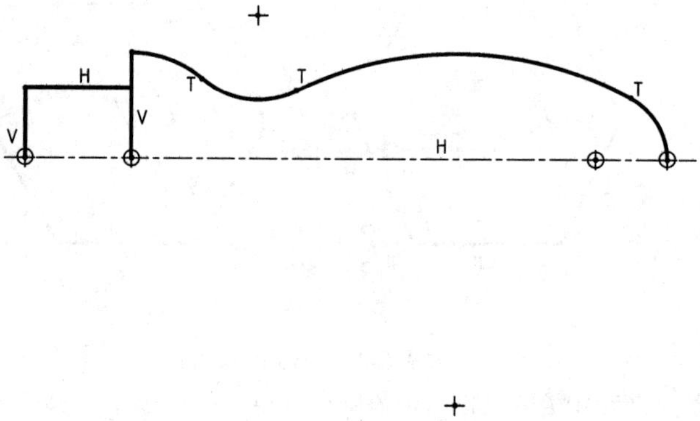

(b)

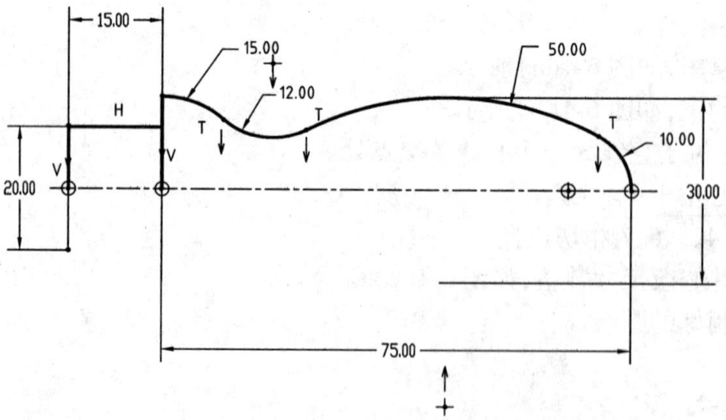

(c)

图 6-4　手柄草图

(a)绘制基本图形　(b)给图形添加约束　(c)给图形添加尺寸

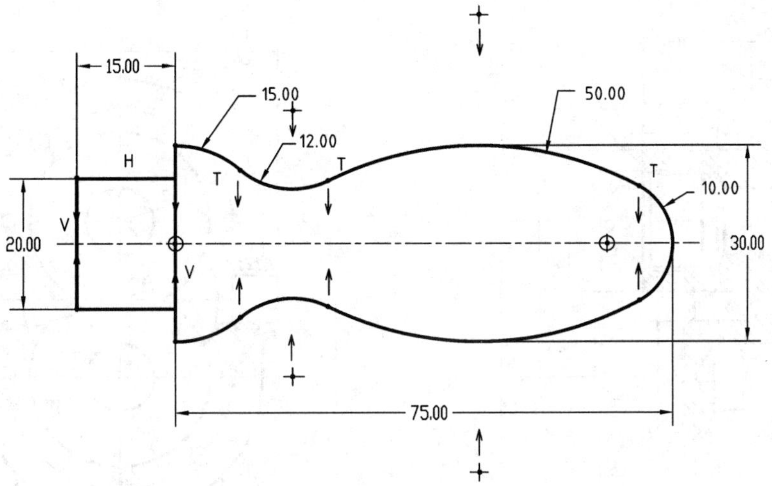

图6-5 草图示例

2 零件建模

2.1 实验目的

①熟悉 Pro/ENGINEER 零件建模基本命令及使用方法。

②熟悉 Pro/ENGINEER 基准特征的建立及使用方法。

③掌握 Pro/ENGINEER 零件设计及造型方法。

2.2 实验要求

Pro/ENGINEER 是一个以特征为基础的参数式设计系统。它以特征为最小的建模单元，所有的参数创建均是以完成某个特征为目的，一个完整的零件是由若干特征所构成的。因此，在零件设计过程中，进行创建、修改和编辑特征即可达到设计的目的。

2.3 实验工具

Pro/ENGINEER 5.0 版本软件，计算机。

2.4 实验内容及步骤

2.4.1 启动 Pro/ENGINEER 软件

2.4.2 进入零件建模模块

①设置当前工作目录。

②建立新零件文件。

③建立图6-6所示泵体零件的模型。

i. 建立泵体工作部分，挖切包容齿轮的内腔，挖切进出液体孔处空腔。如图6-7所示。

ii. 拉伸底板，挖切安装沉孔，如图6-8所示。

iii. 创建连接部分，如图6-9所示。

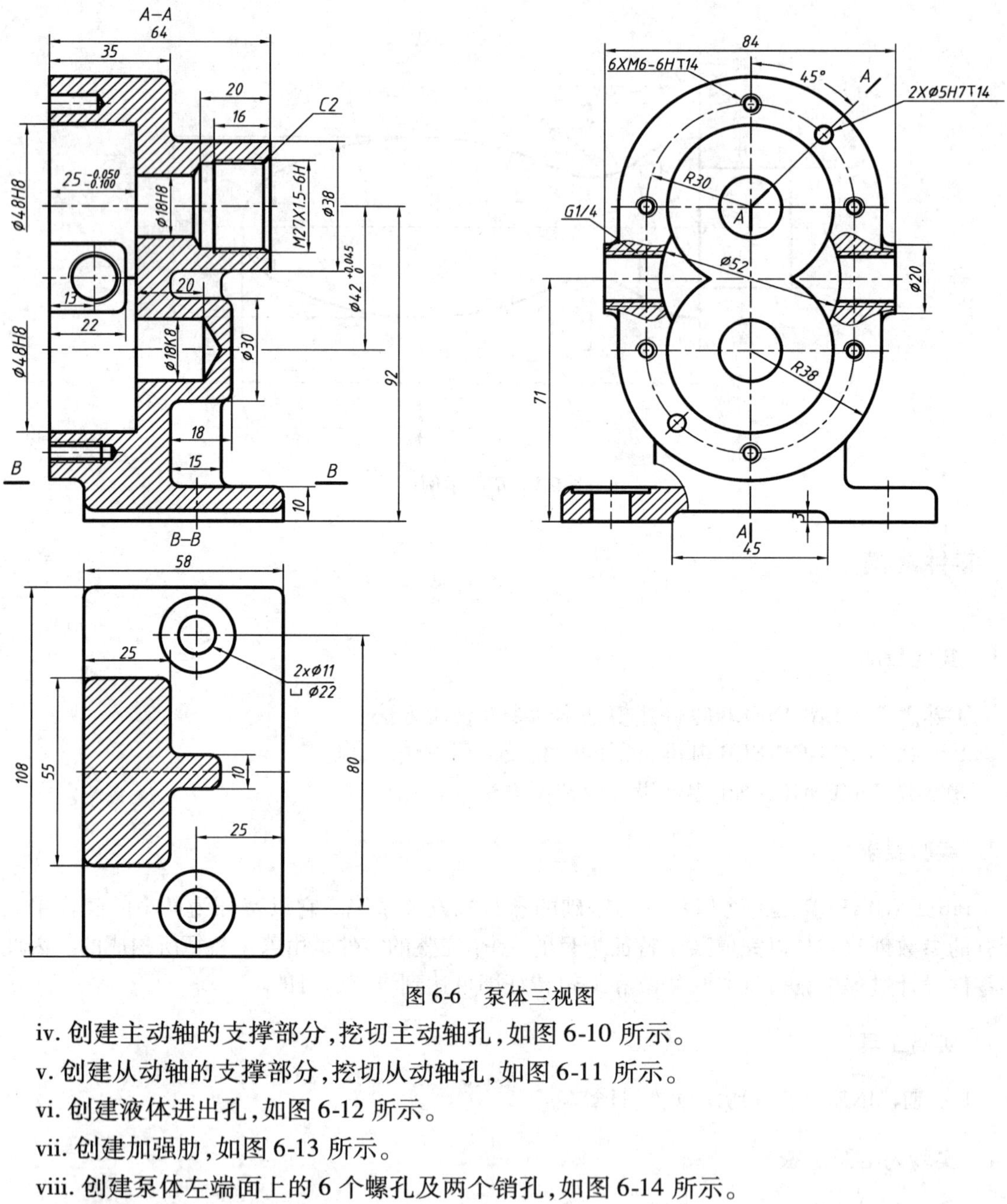

图 6-6　泵体三视图

iv. 创建主动轴的支撑部分,挖切主动轴孔,如图 6-10 所示。

v. 创建从动轴的支撑部分,挖切从动轴孔,如图 6-11 所示。

vi. 创建液体进出孔,如图 6-12 所示。

vii. 创建加强肋,如图 6-13 所示。

viii. 创建泵体左端面上的 6 个螺孔及两个销孔,如图 6-14 所示。

ix. 创建圆角,如图 6-15 所示。

(4)保存文件

2.5　实验报告要求

①按照如图 6-6 所示零件图 1:1建立泵体零件模型。

②结构特征要完整。

③将文件存为“学号 bengti. prt”的电子文件进行保存。

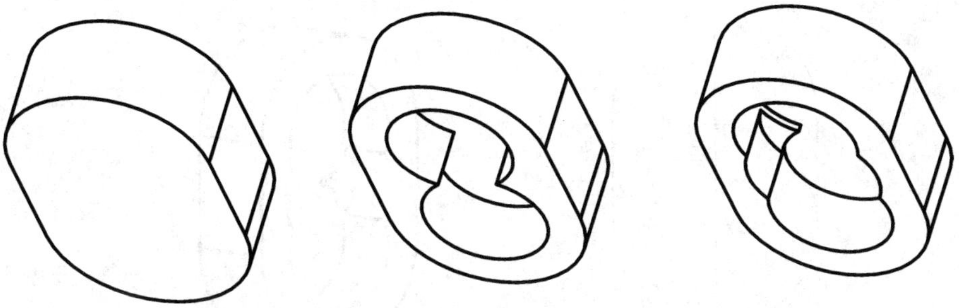

图 6-7　泵体工作部分

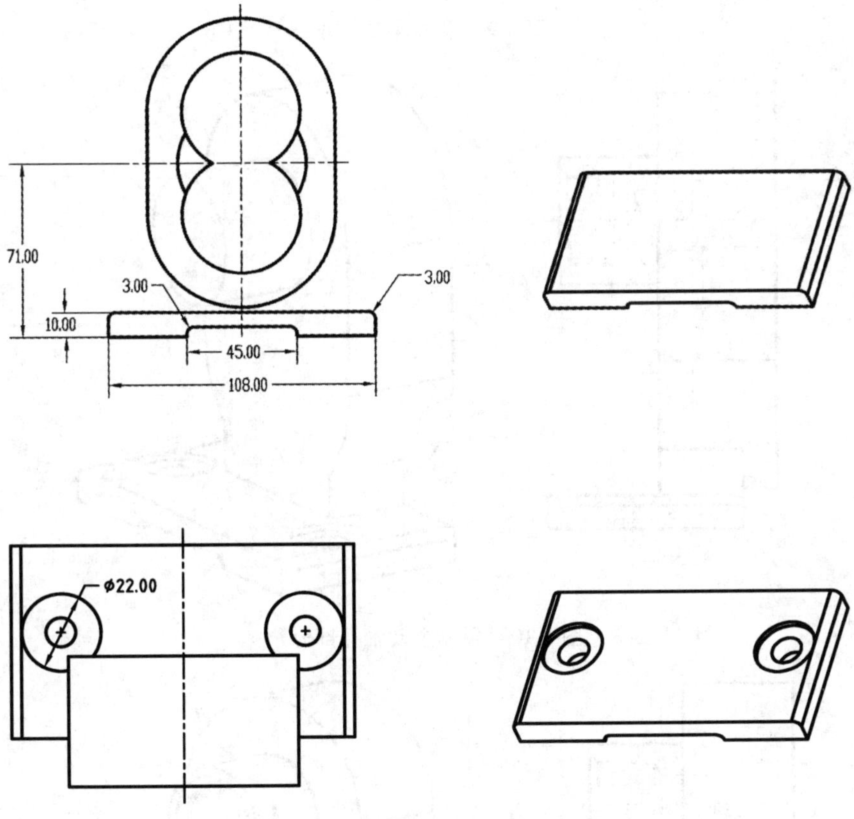

图 6-8　泵体底板部分

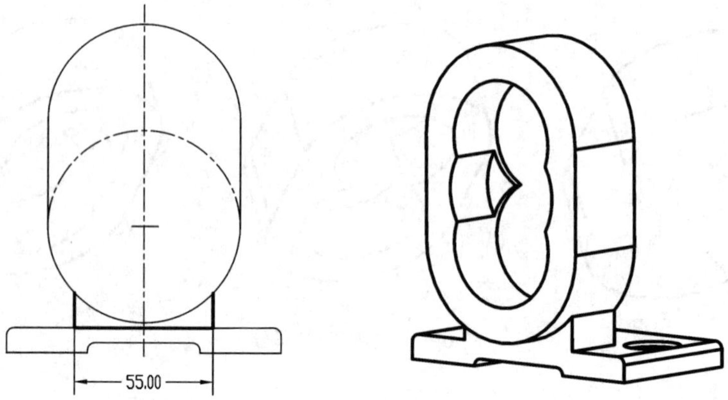

图 6-9　泵体连接部分

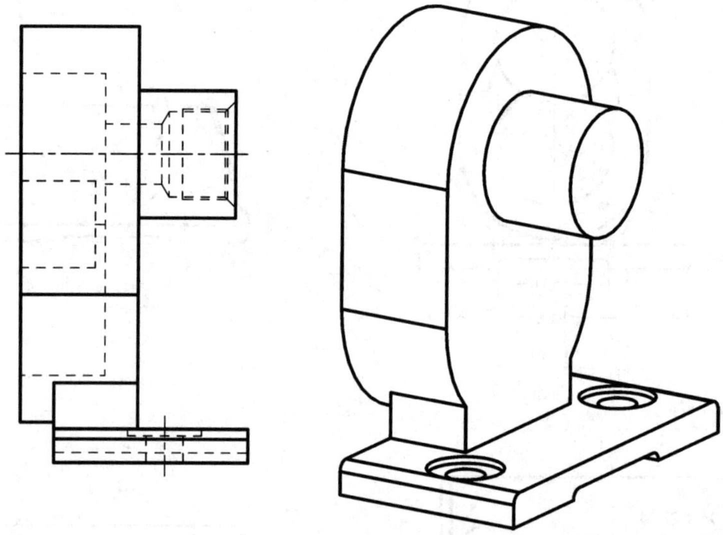

图 6-10　泵体主动轴孔部分

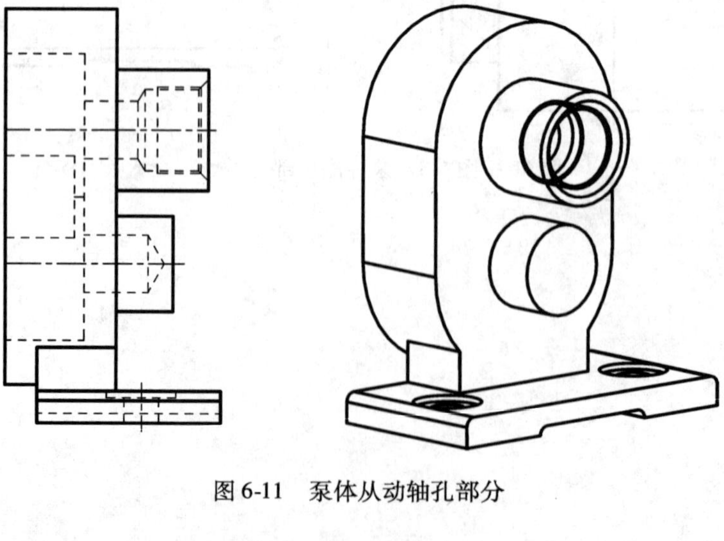

图 6-11　泵体从动轴孔部分

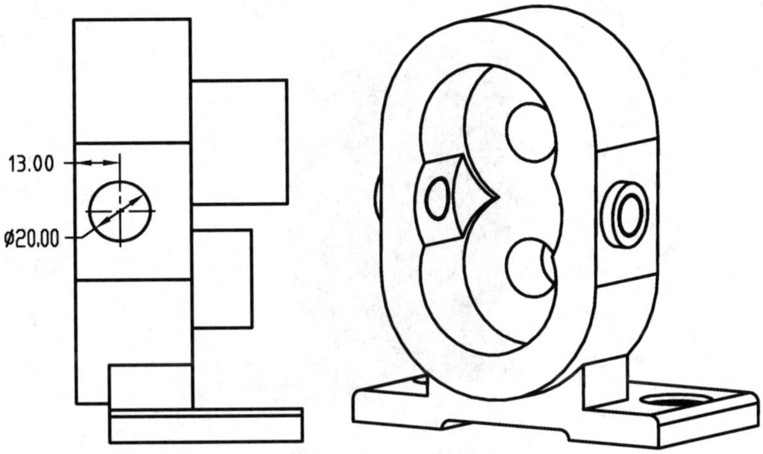

图 6-12　泵体中液体进出孔部分

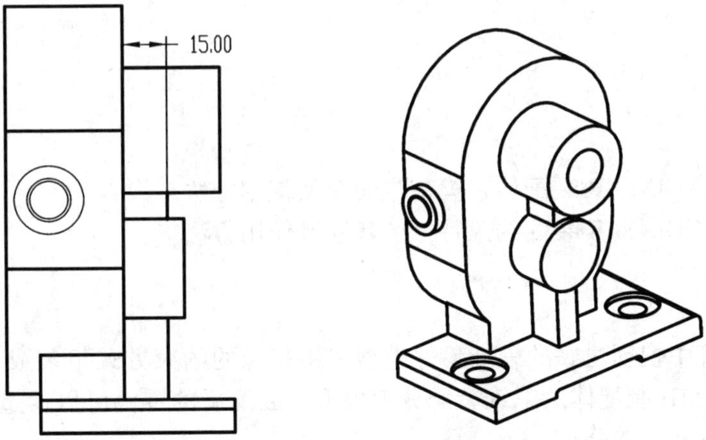

图 6-13　泵体肋板部分

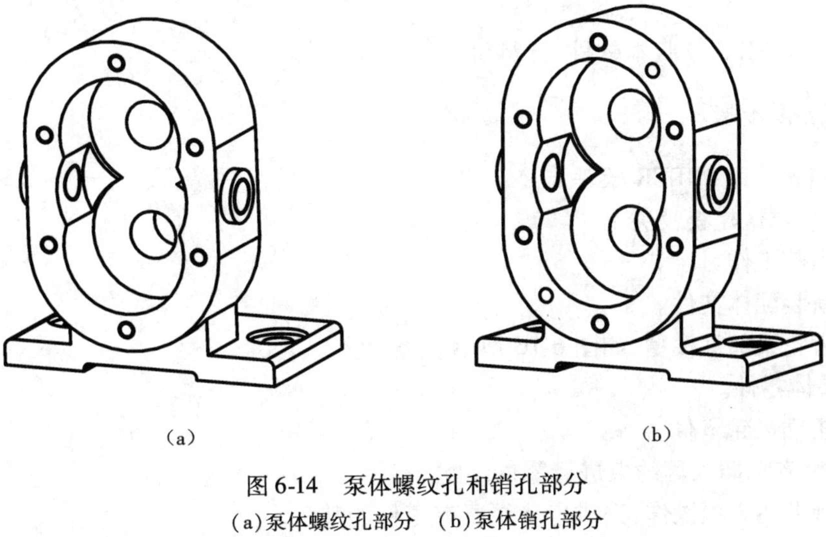

（a）　（b）

图 6-14　泵体螺纹孔和销孔部分
（a）泵体螺纹孔部分　（b）泵体销孔部分

图 6-15　泵体三维模型

3　装配体建模

3.1　实验目的

①熟悉 Pro/ENGINEER 装配体建模基本命令及使用方法。

②熟悉 Pro/ENGINEER 装配约束特征的建立及使用方法。

3.2　实验要求

在该工作环境中把创建好的三维零件模型使用相应的约束方式组装成装配体,还可以把装配体进行分解,创建装配体的三维装配分解模型。装配后的零件可以通过“机构”模块进行装配体的运动仿真和动态分析。

3.3　实验工具

Pro/ENGINEER 5.0 版本软件,计算机。

3.4　实验内容及步骤

3.4.1　启动 Pro/ENGINEER 软件

3.4.2　进入装配体建模模块

①设置当前工作目录。

②建立新装配体文件。

③建立齿轮泵部件模型,如图 6-16 所示。

i. 调入泵体零件。

ii. 调入主动齿轮零件。

iii. 运用对齐和插入等约束进行零件装配。

反复进行上述 3 项操作,完成齿轮泵所有零件的装配。

图 6-16　齿轮泵装配体

④分解装配体。

装配体分解如图 6-17 所示。

图 6-17　齿轮泵装配体分解图

3.5　实验报告要求

①按照如图 6-16 所示 1∶1 建立齿轮泵装配体模型。

②零件完整且分解图清晰地展示各个零件间的相对位置。

③将文件存为“学号 Chilunbeng. asm”的电子文件进行保存。

4 制作工程图

4.1 实验目的

①熟悉 Pro/ENGINEER 用户界面及基本操作。
②熟悉 Pro/ENGINEER 的工程图重要参数设置方法。
③掌握 Pro/ENGINEER 的工程图制作方法。

4.2 实验要求

将创建好的三维零件或装配件制作成工程图,可以便于加工时参考使用。制作的工程图与零件或装配件之间具有内部关联性,其中之一更改,另一个也自动更改。

4.3 实验工具

Pro/ENGINEER 5.0 版本软件,计算机。

4.4 实验内容及步骤

4.4.1 启动 Pro/ENGINEER 软件

4.4.2 工程图制作环境设置

在工程图模式中 Pro/ENGINEER 提供了缺省值的绘图环境设置文件(. dtl 文件)。当其中的某些变量值不符合当前绘图标准的要求时,例如,文本的高度、箭头的长度、尺寸公差是否显示等,可以进行修改,其方法为:从"文件" - "绘图选项"调出"选项"对话框,如图 6-18 所示。

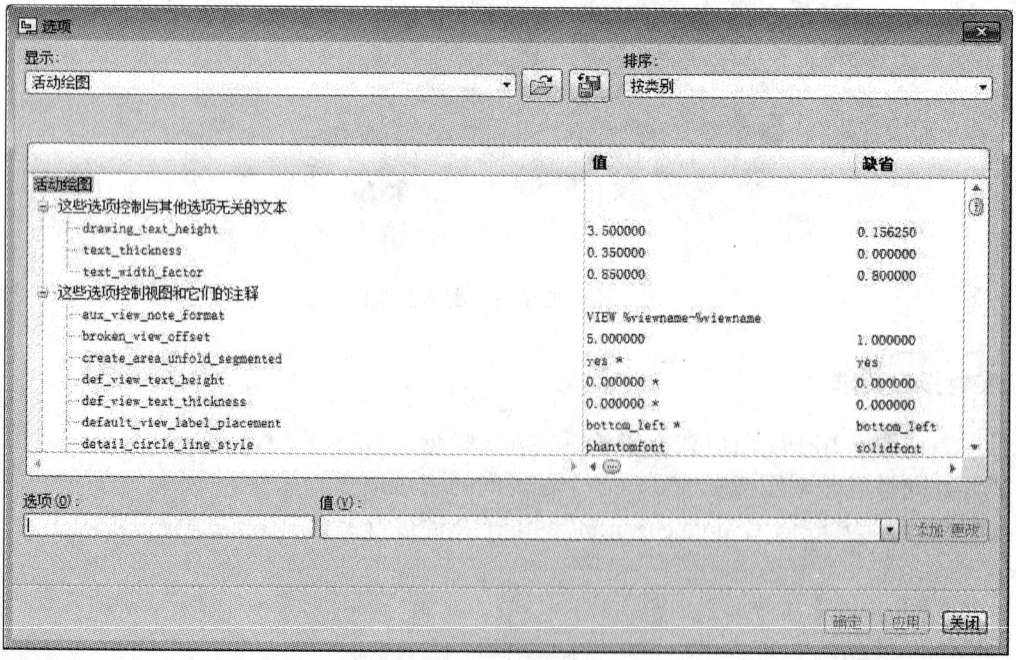

图 6-18 工程图选项对话框

修改变量明细如图 6-19 至图 6-26 所示。将上述修改后的环境变量设置进行保存，保存文件如“. dtl”。后续绘制类似设置工程图时通过“选项”对话框中的打开图标按钮打开该文件。

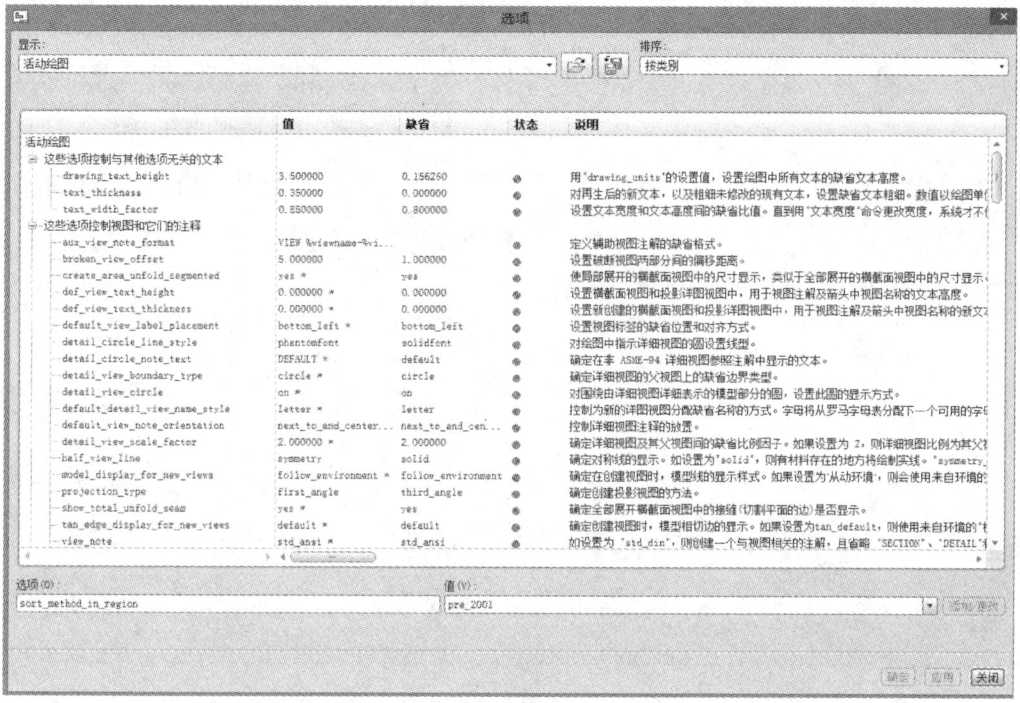

图 6-19　工程图选项对话框 - 续 1

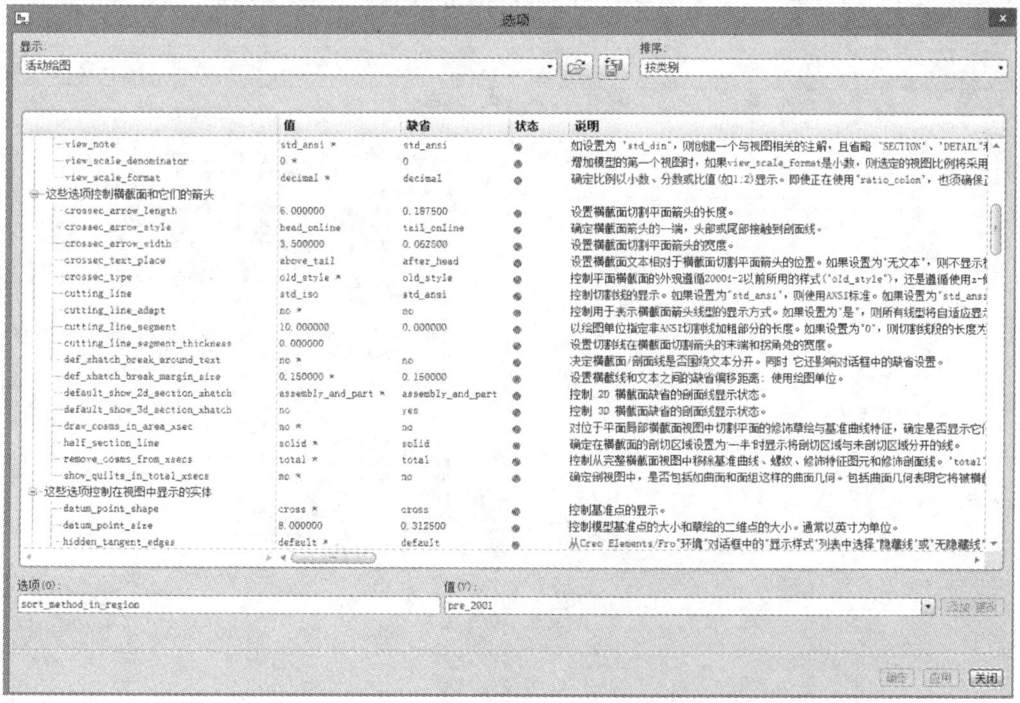

图 6-20　工程图选项对话框 - 续 2

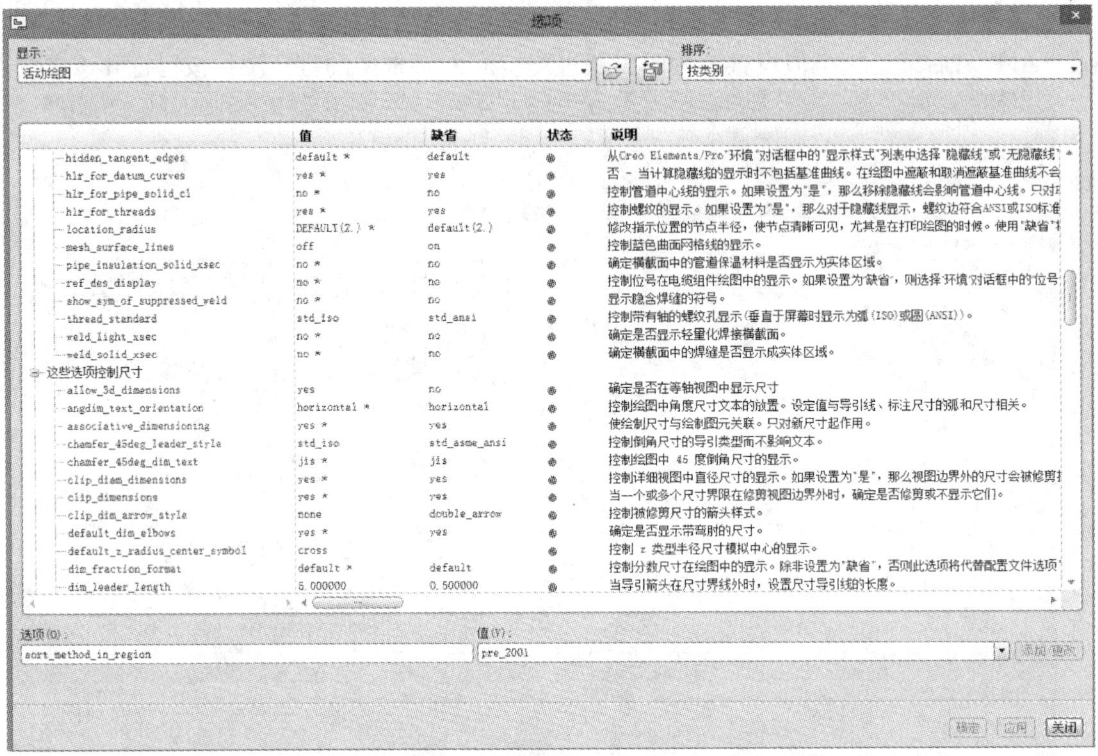

图 6-21　工程图选项对话框－续 3

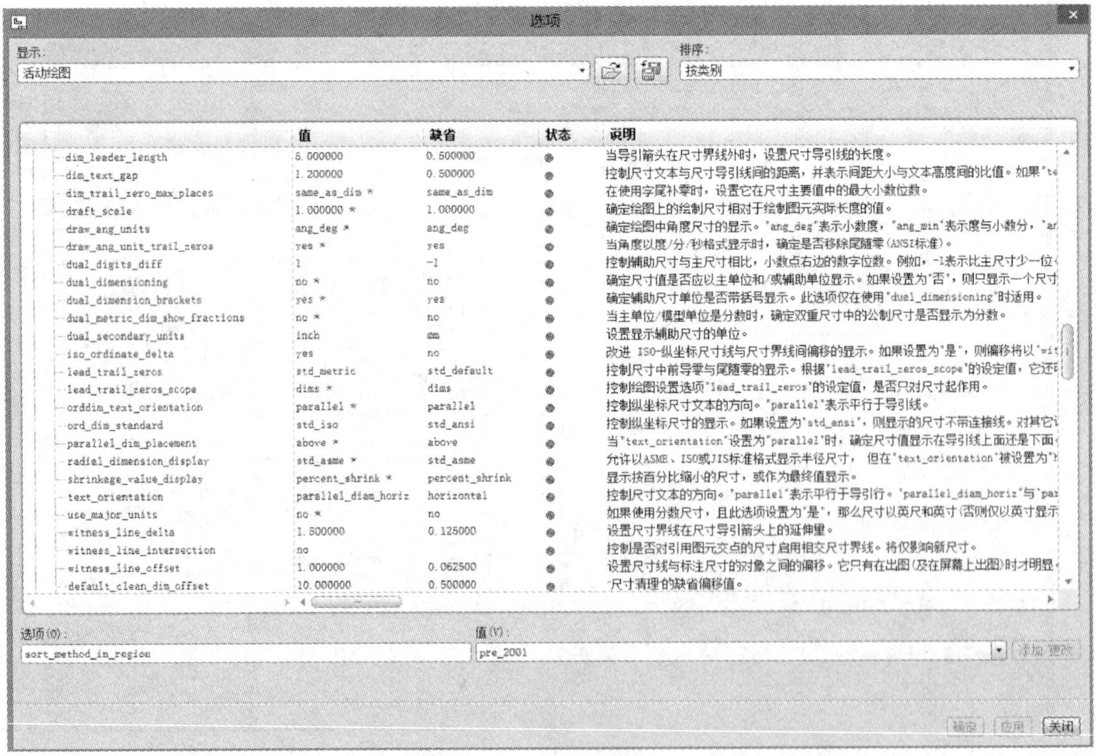

图 6-22　工程图选项对话框－续 4

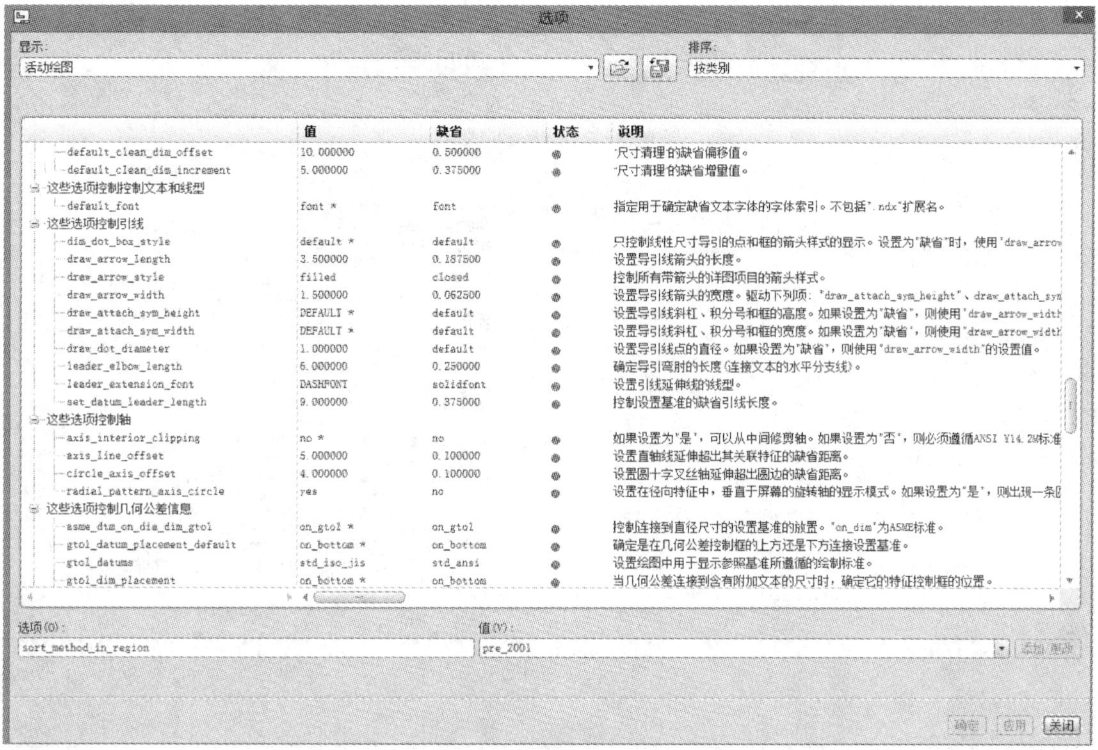

图 6-23 工程图选项对话框 – 续 5

图 6-24 工程图选项对话框 – 续 6

图 6-25　工程图选项对话框－续 7

图 6-26　工程图选项对话框－续 8

4.4.3　建立工程图

(1)制作视图

①指定创建工程图的零件,如图 6-27 所示。

②选择空白图纸。

③格式为空。

④创建图框文件。

⑤绘制或调用图框。

⑥保存文件格式为“.drw”。

⑦生成主视图。

⑧生成俯视图等其他视图。

⑨标注尺寸。

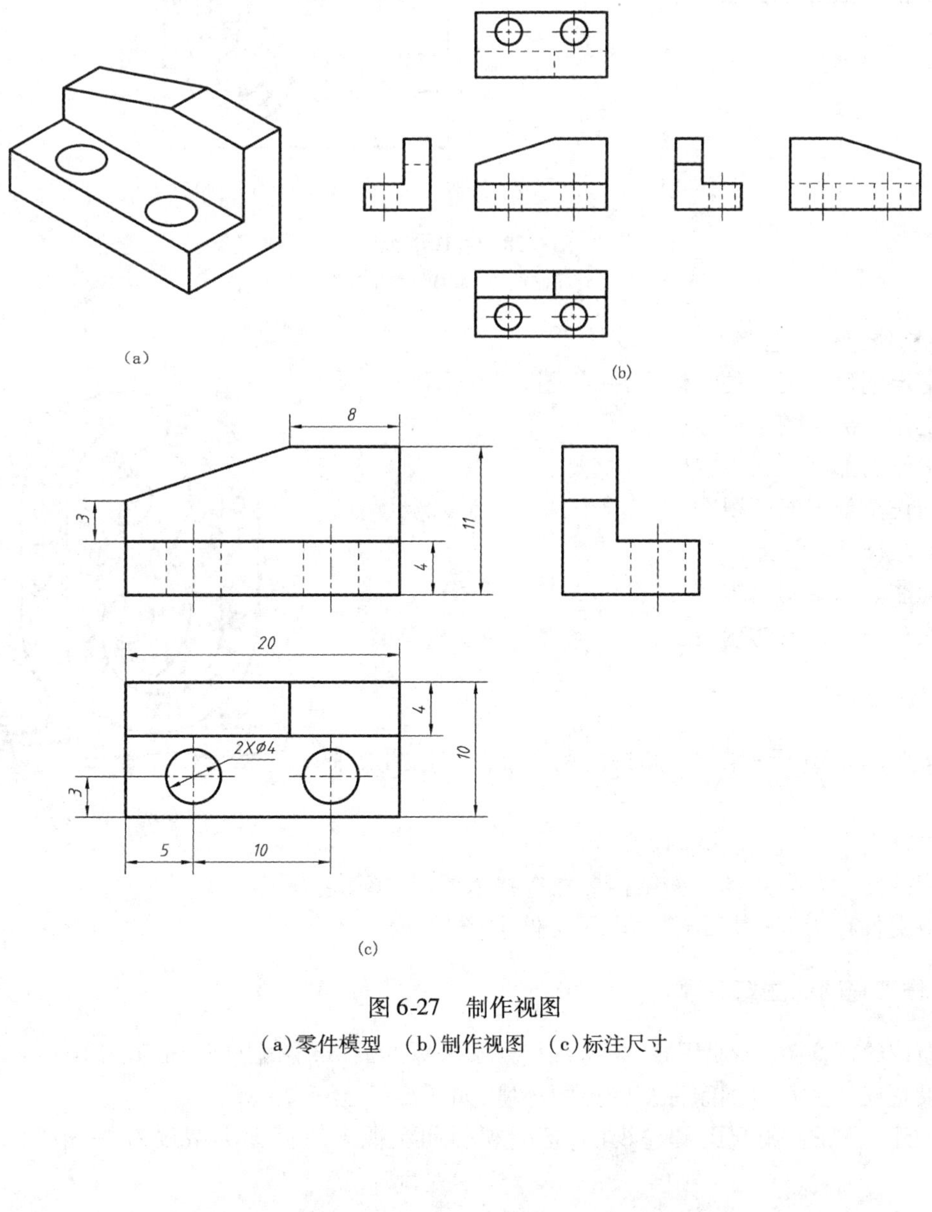

图 6-27　制作视图

(a)零件模型　(b)制作视图　(c)标注尺寸

(2)制作剖视图

①指定创建工程图的零件,如图 6-28 所示。

②制作全剖视的主视图。

③制作半剖视的左视图。

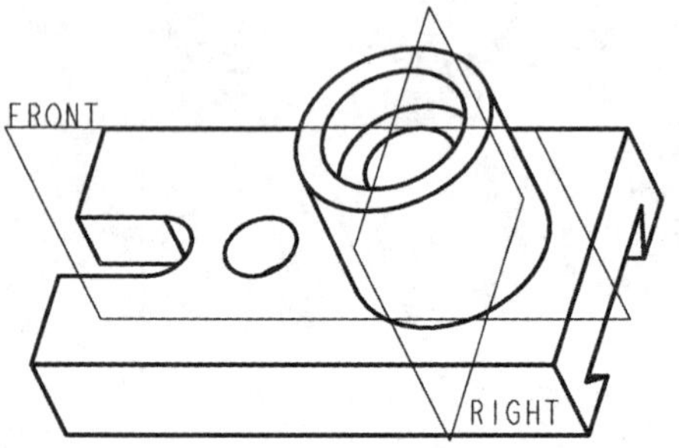

(a)

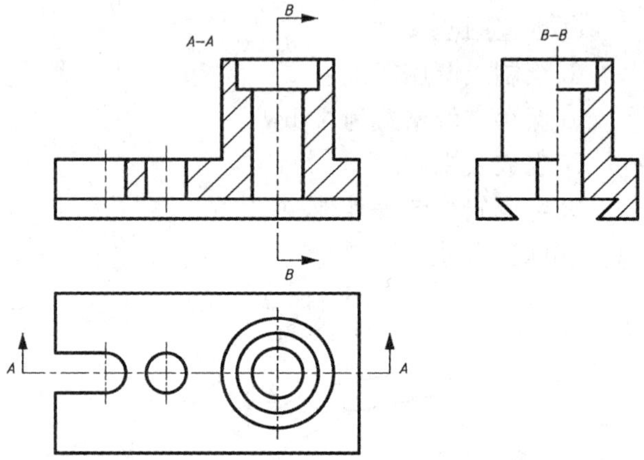

(b)

图 6-28 制作剖视图

(a)零件模型 (b)制作剖视图

(3)制作泵体工程图

①指定创建工程图的泵体零件,如图 6-29 所示。

②制作全剖视的主视图。

③制作局部剖视的左视图。

④制作全剖视的俯视图。

⑤标注尺寸和公差。

⑥标注表面结构要求。

⑦注写其他必要的内容。

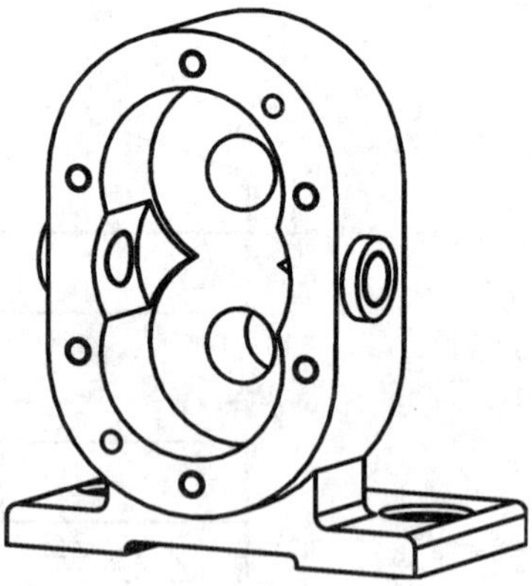

图 6-29 泵体零件

4.5 实验报告

①按照图 6-30 所示在 A3 图幅内制作泵体工程图及轴测图。

②要求视图完整,表达清晰。

③标注尺寸及公差和表面结构参数等技术要求,填写标题栏。

④将文件存为"学号. drw"的电子文件进行保存。

4.6 制作工程图的注意事项

①新建绘图文件,不使用缺省模板,打开国家标准的 A3 图幅(*. frm),如图 6-31 所示。

②设置或调用符合国家标准的绘图环境,如图 6-19 至 6-26 所示。

③创建主视图、俯视图和左视图,把俯视图和左视图的视图类型改为"一般",如图 6-32

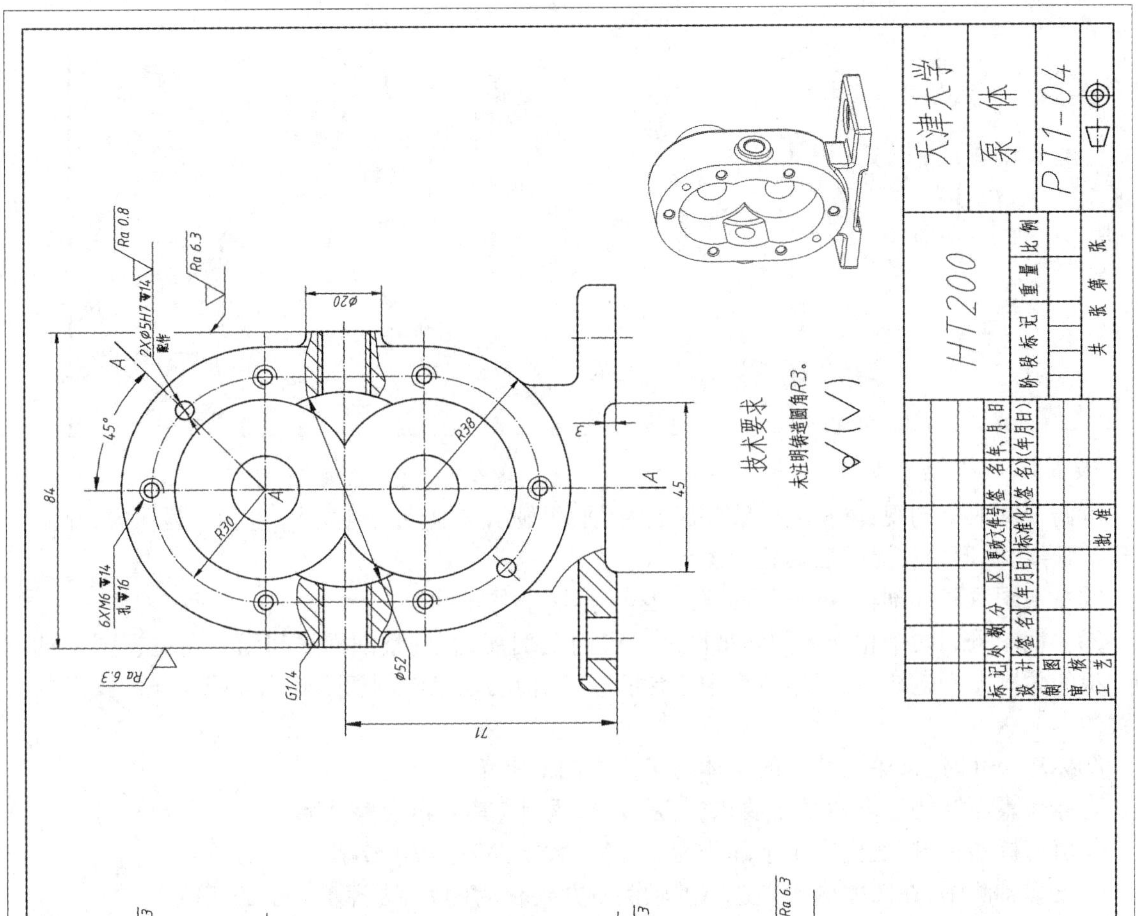

图 6-30 泵体工程图

所示。

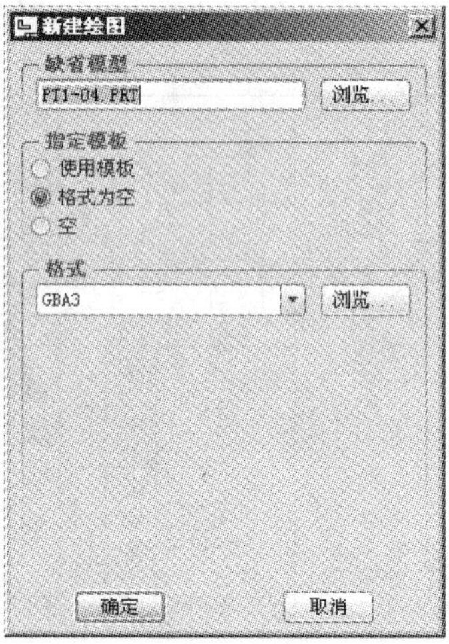

图 6-31　新建绘图对话框

图 6-32　绘图视图对话框

④俯视图取全剖视，调整剖面线间距，关闭平面显示、轴显示、点显示、坐标系显示等，显示图形的轴线，图形核查无误后转化为图元。

⑤左视图取局部剖视，调整剖面线间距，显示图形的轴线。

⑥主视图采用两个相交的剖切平面剖开得到全剖视图，调整剖面线间距。在主视图中选中肋板的轮廓做构造线，在三维造型中隐含肋板，以使肋板纵向剖切不画剖面线。显示图形的轴线。

⑦标注尺寸时，选中尺寸中的字体与竖直方向的夹角为 15°。

⑧标注表面结构要求，“技术要求”标题为 10 号字，其内容为 7 号字。

⑨填写标题栏，标题栏中小字部分为 5 号字，大字部分为 10 号字。

⑩投影轴测图，在图框内投影造型的轴测图并转化为图元，去掉不必要的切线。

⑪修改系统颜色，使图形显示为白底黑色，如图 6-33 所示。

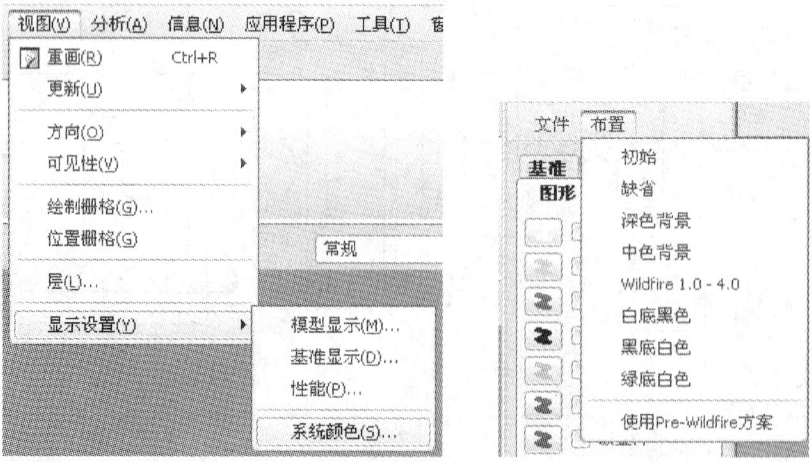

（a）　　（b）

图 6-33　修改系统颜色

（a）视图设置下拉菜单　（b）系统颜色设置对话框

⑫将文件存为“学号姓名-泵体.pdf”的电子文件进行保存,并选取“勾画所有字体”,如图6-34所示的导出设置对话框。

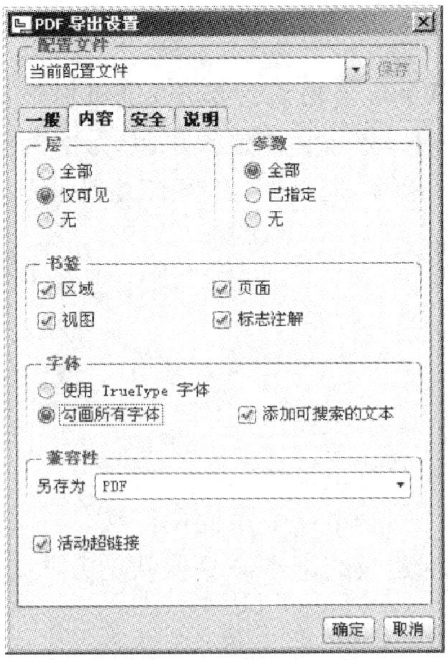

图6-34 PDF文件导出设置对话框

思考题

1. 启动Pro/ENGINEER软件的方式有哪几种?
2. 在开始一个新的Pro/ENGINEER工作之前需要进行的准备工作有哪几步?
3. 进行草绘的主要步骤是什么?
4. 进行实体建模的主要步骤是哪几步?
5. 装配体建立中的约束种类有哪些?
6. 制作工程图的主要步骤是什么?

第7章 SolidWorks 软件基本操作应用指导

SolidWorks 软件是由 SolidWorks 公司设计推出，是机械产品三维造型设计中最受欢迎的软件之一。它是一款基于特征的参数化实体建模工具，最大特点是上手容易、兼容性好。下面以 SolidWorks2022 版本为基础，介绍“机械图样”实体建模的基本思路和步骤。

1 零件造型

1.1 实验目的

①熟悉 SolidWorks 用户界面及基本操作。
②掌握 SolidWorks 二维草图的基本命令及使用方法。
③掌握 SolidWorks 零件三维建模的基本命令及使用方法。

1.2 实验要求

根据二维零件图，实现零件的实体建模。

1.3 实验工具

SolidWorks 软件，计算机。

1.4 实验内容及步骤

根据附图 3 所示的泵体零件图创建其三维模型。

(1)结构分析

泵体是一典型的“箱体类”零件。工作部分主要以“右视基准面”作为主要草图平面；上下沉孔相对位置关系及内部结构细节则主要通过“前视基准面”表达；对于“泵体”零件与其他零件间的连接及定位关系，则主要通过底板结构加以表达。

(2)创建文件

保存零件“泵体”到预先设定好的齿轮泵文件夹中。

(3)实体建模

1)创建泵体“主体”结构

选择“右视基准面”作为草图平面，绘制草图并拉深，如图 7-1 所示，选择“主体结构”的左端面为草图平面，绘制草图并挖除齿轮箱内孔，最终得到如图 7-2 的结果。

2)创建泵体安装部分

为确保底板和泵体主体结构的定位关系，首先定义用户的基准面，下拉菜单“插入”→参考几何体→基准面，再进行建模，最后添加安装板小孔，如图 7-3、图 7-4 所示。

3)创建轴的支撑部分

选择“主体结构”的右端面为草图平面，绘制主动轴和从动轴的支撑部分，然后切除“主动

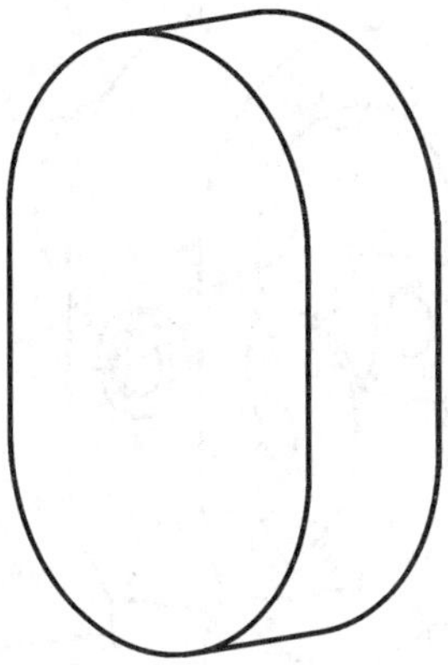

图7-1 泵体主体基本外形

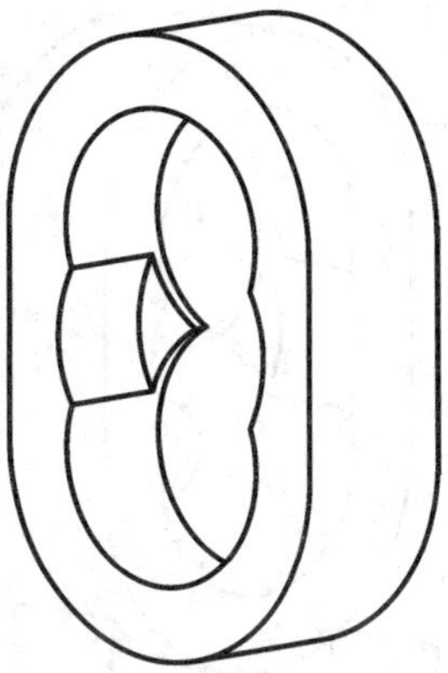

图7-2 泵体主体结构图

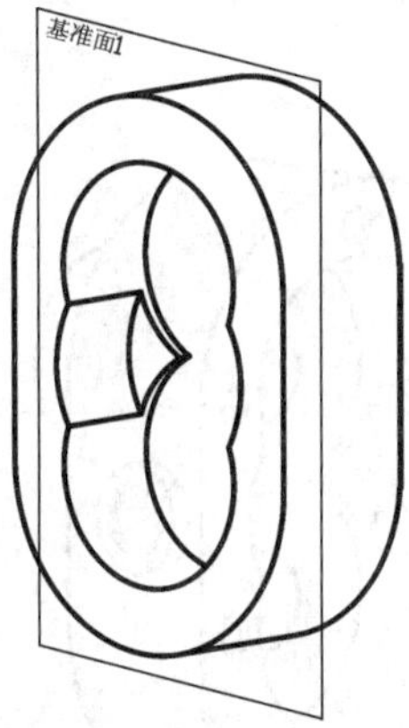

图7-3 定义基准面

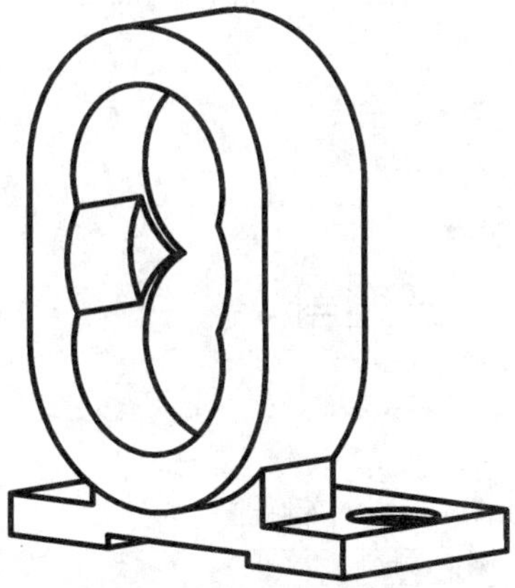

图7-4 泵体安装部分

轴孔”及“从动轴孔”，利用“异型孔向导”添加螺纹孔、不通孔，如图7-5所示。

4)创建液体进出孔

选择“泵体基础结构侧面”绘制草图，拉伸凸台，并以“前视基准面”作为基准镜像另一侧凸台，使用“异型孔向导”命令绘制螺纹孔，如图7-6所示。

5)创建加强肋板

启动“筋”命令，完成上下肋板的绘制，特征设置如图7-7所示。

6)创建泵体左端面的螺纹孔和销孔

选择“泵体外端面”，使用“异型孔向导”命令得到如图7-8所示的结果。

7)添加圆角，完成建模

使用“圆角”命令，创建各部分圆角，最终完成泵体零件的实体建模，如图7-9所示。

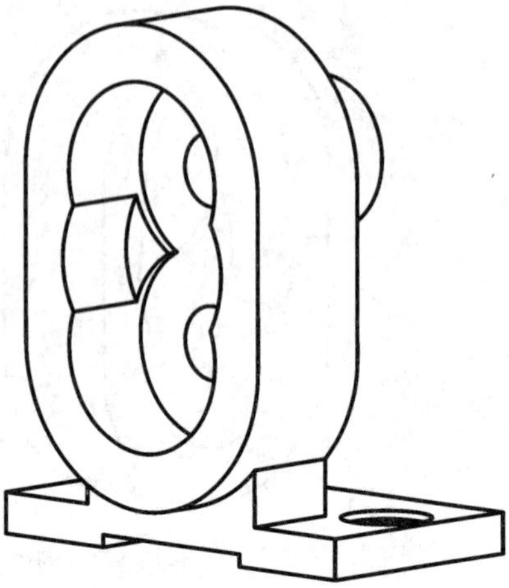

图 7-5　轴的支撑部分

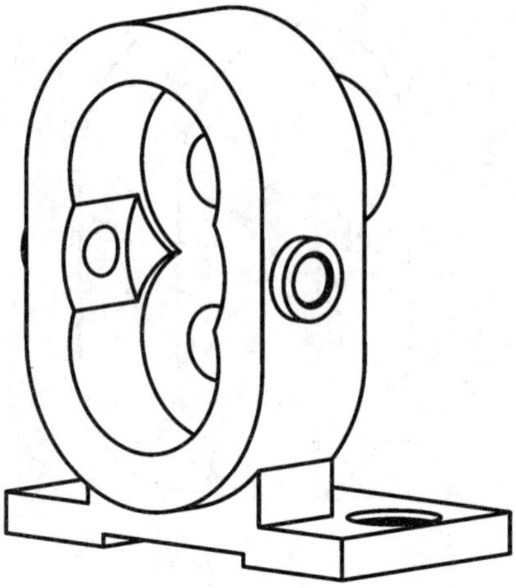

图 7-6　液体进出孔

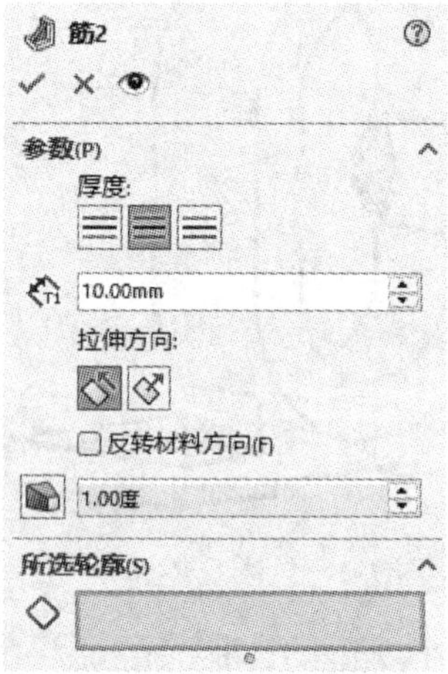

图 7-7　“筋”特征设置

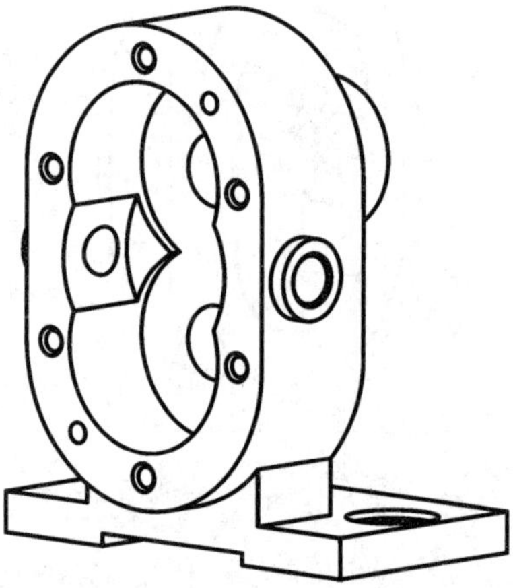

图 7-8　泵体端面的螺孔效果

1.5　实验报告

根据零件图创建泵体的三维零件模型，具体要求如下：

①结构特征要完整，尺寸约束要完整；

②编辑零件材料为灰铸铁；

③零件按照图 7-9 所示位置摆放；

④提交文件名为“学号姓名 – 泵体. sldprt”的电子文件。

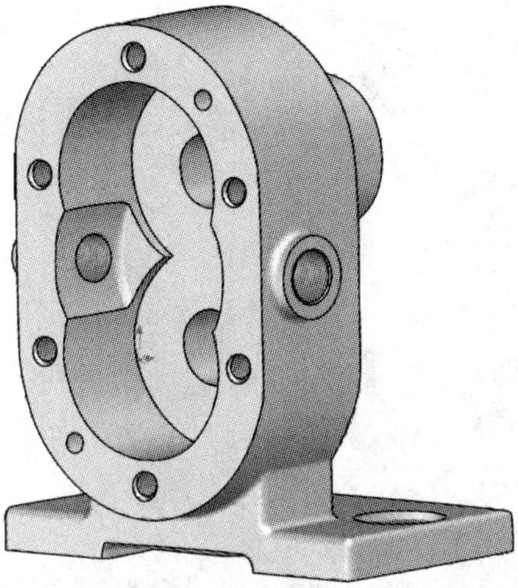

图 7-9 泵体实体效果图

2 装配体拼装

2.1 实验目的

①掌握 SolidWorks 装配体拼装的方法和步骤。
②能够熟练设定零件间的配合关系。
③利用设计树来控制和管理装配体。

2.2 实验要求

基于所有组成装配体的零件三维模型创建装配体。

2.3 实验工具

SolidWorks 软件,计算机。

2.4 实验内容及步骤

将组成"齿轮泵"所有零件的实体模型拼装成如图 7-10 所示的装配体。

(1)装配体分析

模型装配过程与机械部件的实际安装路径相同,首先固定"泵体"零件。然后按照传动路线,依次添加主动轴、键、主动齿轮,从动轴、从动齿轮等内部结构。当所有内部结构都添加完成后,再依次添加垫片、泵盖、螺栓组件和销等用于密封以及固定连接的其他零件。

(2)创建文件

创建装配体文件,插入"泵体"零件到绘图区合适位置,保存为"学号姓名 - 齿轮泵",如图 7-11 所示。

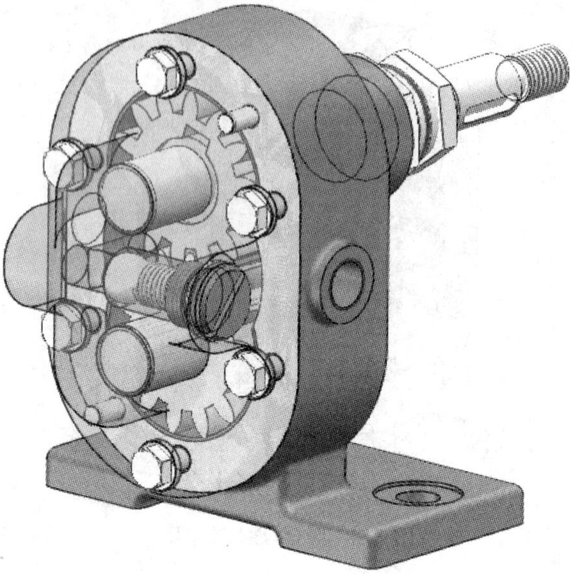

图 7-10　齿轮泵装配体模型

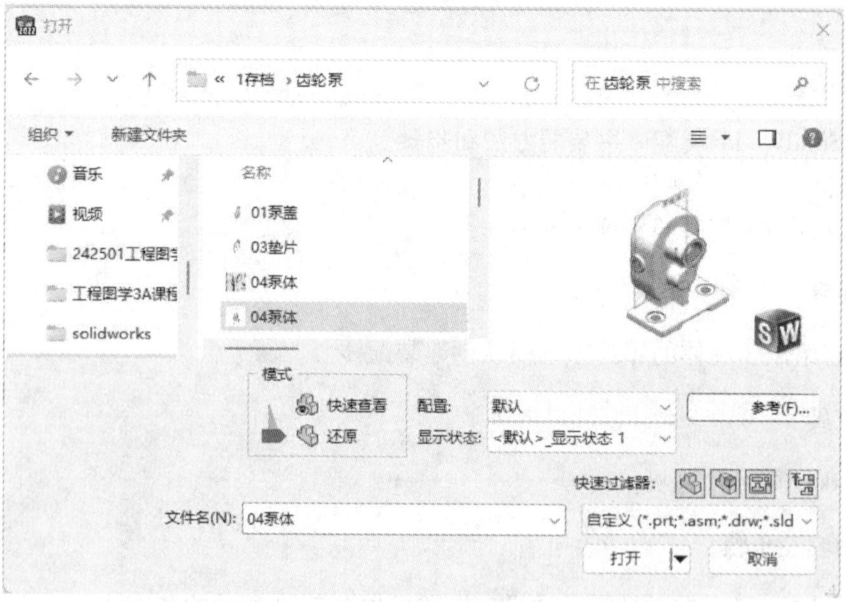

图 7-11　“打开”装配体零件

(3)装配体建模

1)添加主动轴及键

插入“08 主动轴”,添加端面重合、同心配合;插入零件“18 键 6 ×6 ×14”,添加宽度高级配合、底面重合配合,以及零件“18 键 6 ×6 ×14”左端半圆柱面与零件“08 主动轴”键槽孔左端半圆柱面间的同轴心配合,如图 7-12 所示。

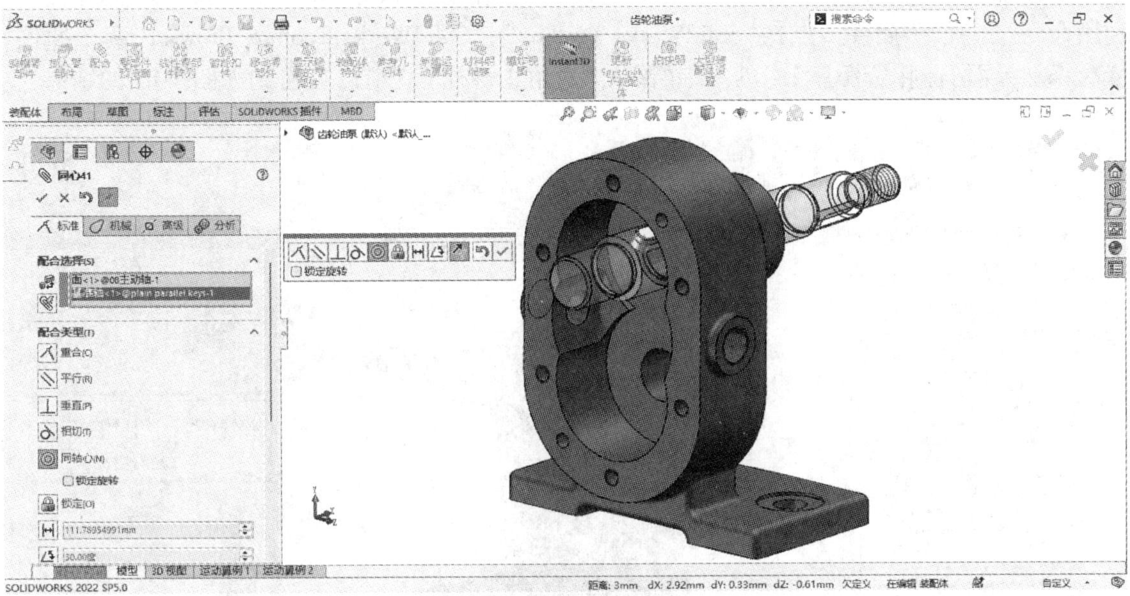

图 7-12　插入主动轴及键

2）依次添加从动轴和齿轮

包括零件“17 主动齿轮”、“15 从动轴”、“16 从动齿轮”，并建立零件间的配合关系，齿轮间的配合有专用界面，如图 7-13 所示。

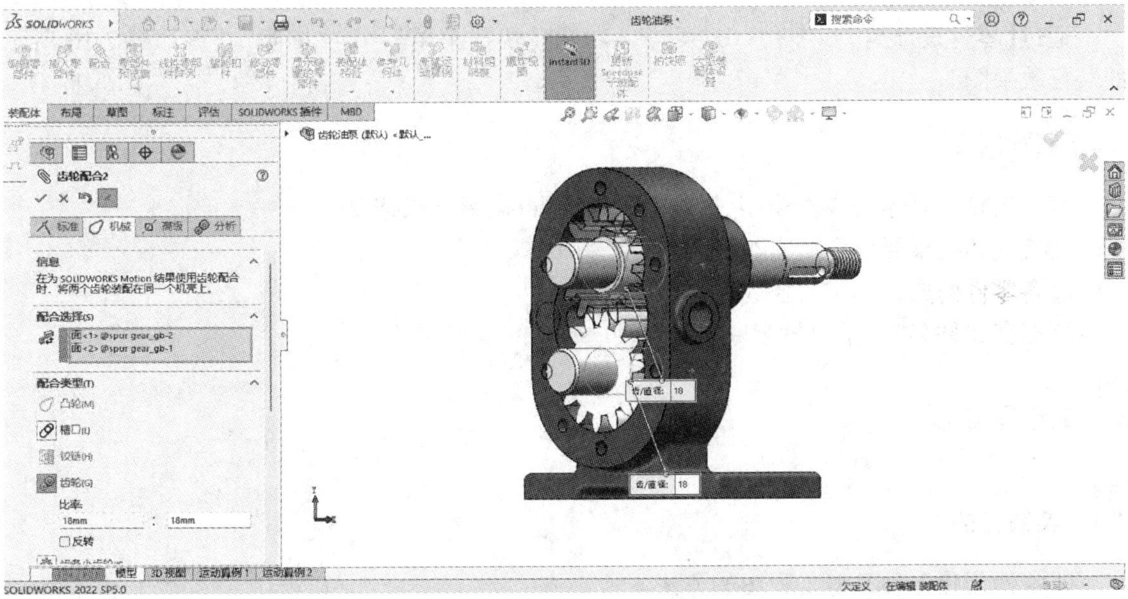

图 7-13　设置“齿轮”机械配合

3）添加其他零件及连接结构

i. 添加“05 填料”“06 锁紧螺母”“07 填料压盖”。

ii. 添加零件“03 垫片”“01 泵盖”“09 垫片”“10 螺塞”“11 弹簧”“12 钢球”及配合关系，利用命令“选项”→插件…点选“SolidWorks Toolbox”，“SolidWorks Toolbox Browser”两个插件，依次添加界面右侧【资源库】中的“平垫圈”、“六角头螺栓”、“销钉”，得到如图 7-14 的结果。

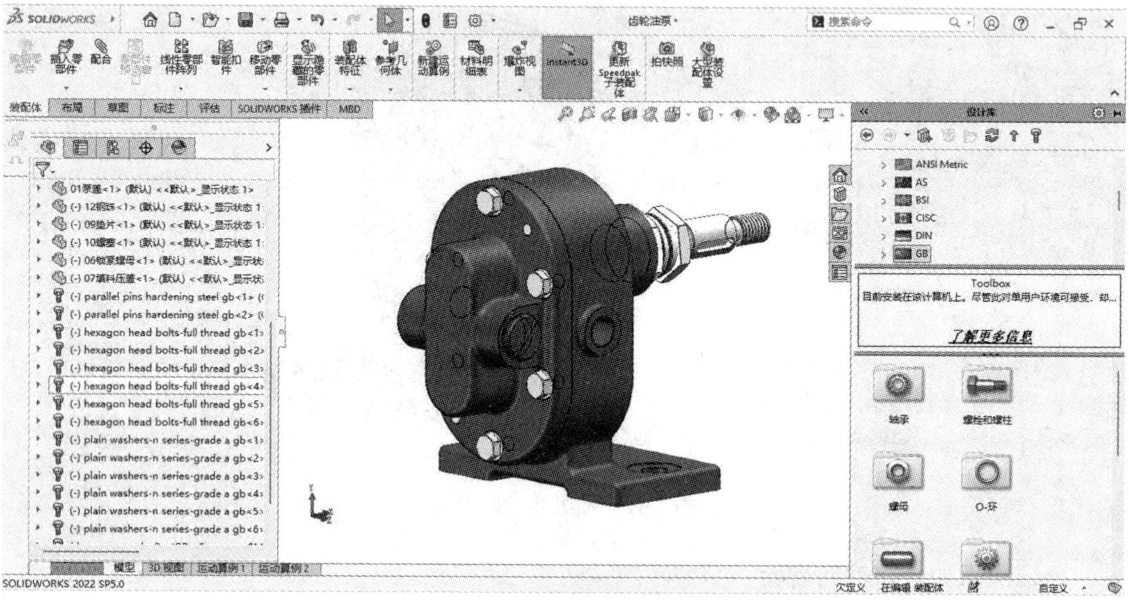

图 7-14　插入相应的连接件

4）调整显示效果

通过【零件设计树】→零件“01 泵盖”→右键【快捷菜单】→使“透明”获得如图 7-10 所示的装配效果图。

2.5　实验报告

基于齿轮泵泵体的零件模型，拼装齿轮泵装配体，具体要求如下：

①装配体模型要包含所有组成零件；

②各零件的放置和定向要完整约束；

③提交文件名为“学号姓名－齿轮泵.sldasm”的电子文件。

3　工程图绘制

3.1　实验目的

①掌握创建多种类型工程图的方法。

②能够正确设置符合国标的绘图环境。

3.2　实验要求

利用 SolidWorks 软件生成符合国标的工程图样。

3.3　实验工具

SolidWorks 软件，计算机。

3.4　实验内容及步骤

根据图 7-9 所示泵体的实体模型生成一幅工程图。

(1)工程图模板设置

为避免生成工程图的重复性工作，可创建“工程图模版”来实现快速设置，主要包括绘图环境和图纸格式的设置。绘图环境通过下拉菜单“工具”中“选项”来实现，文档属性中“绘图标准”设置为“GB”，内部细节如“注释”“尺寸”“出样图”“线型”“线条样式”“剖面视图”均应完成相应的设置，如图 7-15、表 7-1 所示。

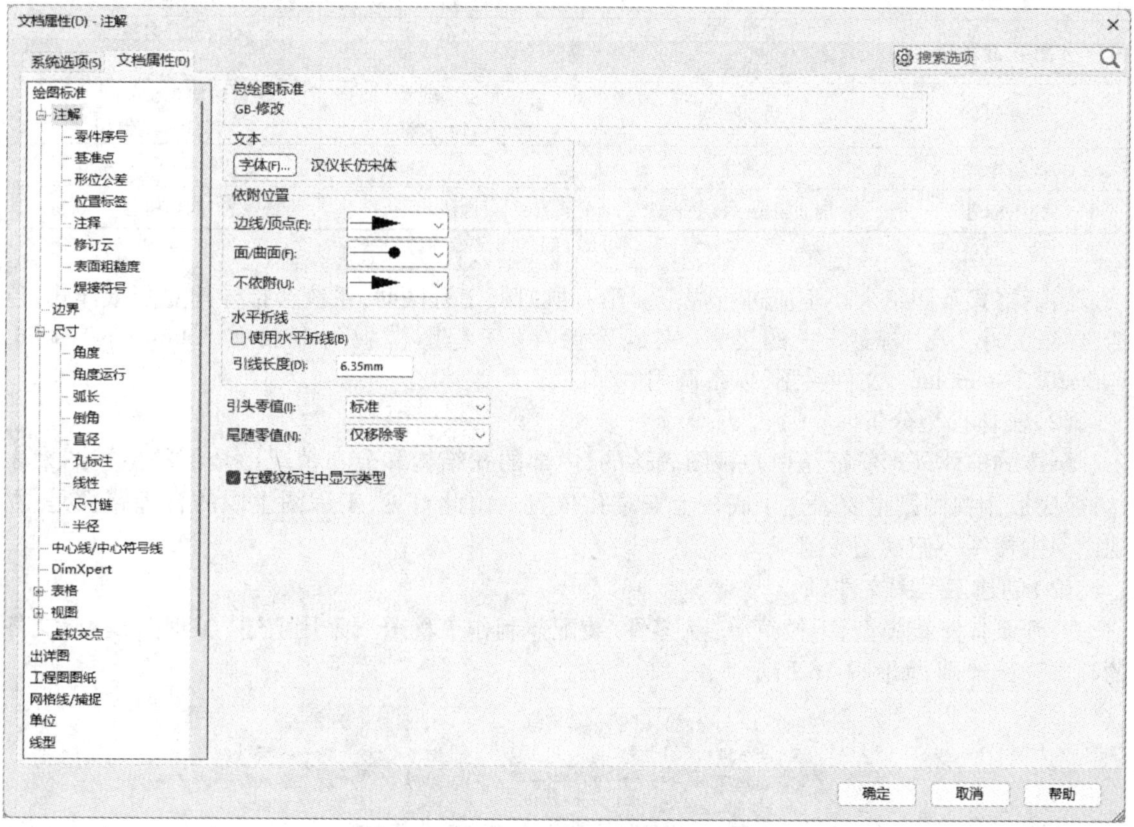

图 7-15　工程图模板的设置位置

表 7-1　工程图模板的设置内容

类别	子类别	默认设置	更改设置
绘图标准	总绘图标准	ISO	GB
注解	字体	Century Gothic	汉仪长仿宋体 - 常规 - 3.5 mm
注解-表面粗糙度	字体	汉仪长仿宋体	SWIsop1 - 倾斜 - 3.5mm
尺寸	字体 主要精度/双精度 箭头	Century Gothic .12/.123 1.02/4.08/6.36	ISOCP - 斜体 - 3.5 mm 无/无 1/3/7-实心
尺寸-角度	文本位置	文字对齐	水平文字
尺寸-直径	显示第二向外箭头 文本位置	不勾选 文字对齐	勾选 水平文字
视图	字体	汉仪长仿宋体	SWIsop1 - 倾斜 - 5 mm
视图-剖面视图	依照标准 样式	勾选 空心	不勾选　名称-无 实心
线型	边线类型	可见边线 构造性曲线	线粗 0.5 mm 样式点画线
线条样式	新建		剖切符号,B,0,-20
视图标号	剖面视图 - 线条样式	虚线	新建的“剖切符号” - 0.5

图纸格式及图纸大小也应进行规范。第一次打开工程图时,系统会指导建立图纸样式,包括“图纸大小”及“标题栏”的设置,完成后保存“工程图模版”,存放在 Solidworks \\ solidworks2022 \\templates 文件夹下,以备调用。

(2)实体模型分析

泵体的整体外形特征是由左视图表达的,内部的孔结构和分布情况由全剖的主视图来表达;而底板俯视图则主要表达了底板上安装孔位置。由此可见,工程图生成的合理路径是:左视图→主视图→俯视图。

(3)创建工程图文件

打开泵体三维模型,下拉菜单“从零件/装配体制作工程图”,采用上述“工程图模板”文件的设置开始绘图,如图 7-16 所示。

图 7-16　由零件图生成“泵体”工程图

(4)生成工程图

1)插入左视图

从“视图布局”中启动“模型视图”命令,选取左视图,并利用“投影视图”命令,插入左视图。

2）插入全剖主视图

从“视图布局”中启动“旋转剖视图”，在左视图上绘制旋转剖面符号 A－A，将生成的全剖主视图拖拽到合适位置。

3）插入全剖俯视图

依照上述方法将生成的全剖俯视图拖拽到合适位置，如图 7-17 所示。

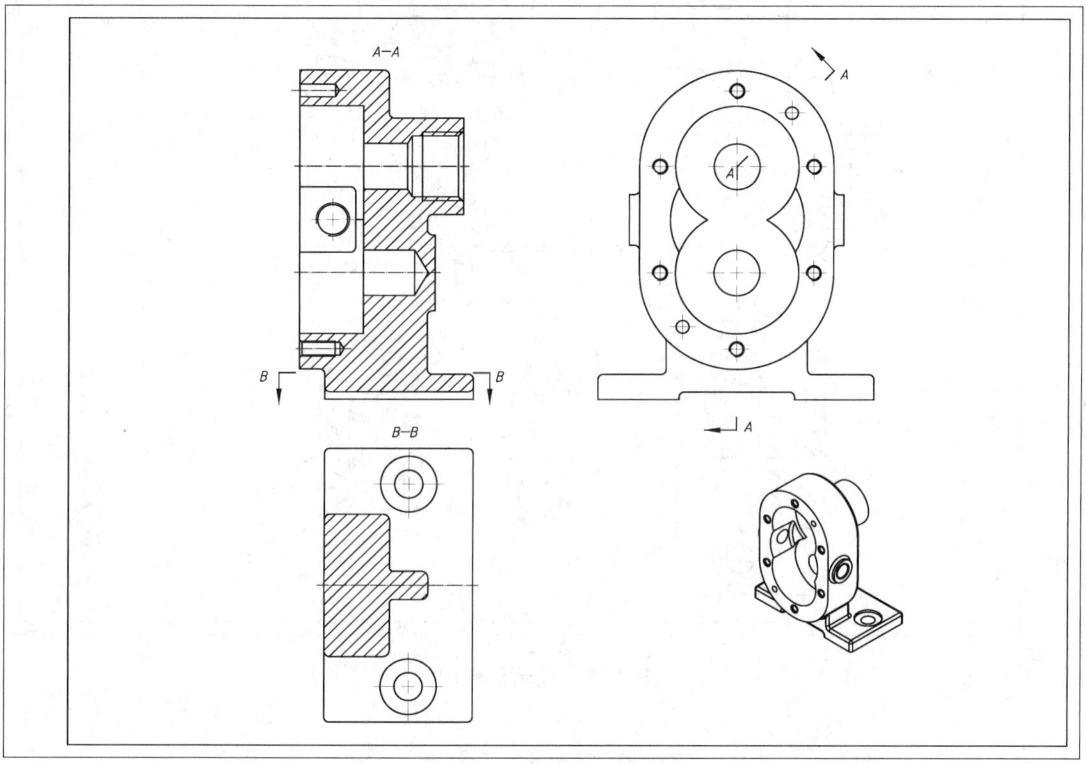

图 7-17　泵体三视图

4）创建局部剖视图

从“视图布局”中启动“断开的剖视图”命令，在需要局部剖切的位置圈画剖切范围，创建“前、后表面螺纹孔”及“底板安装锪平孔”的“局部剖视图”，如图 7-18 所示。

5）编辑剖面区域

一般情况下剖面区域会自动添加相应的剖面线，但一些特殊情况如肋板纵向剖切等按国标规定是不画剖面符号的，因此需要重新编辑“剖面区域”。首先去除主视图的剖面线，激活草图工具栏，在主视图中精确勾画出肋板轮廓的草图，效果如图 7-19 所示，再重新填充剖面线。

6）完善视图

按照国标的相关规定，工程图还需要修正圆角，添加中心线。

7）标注尺寸及技术要求

尺寸标注使用“智能尺寸”命令来实现，尺寸公差、配合代号及表面结构要求的标注需要启动“特征管理器”来完成，如图 7-20 所示。

8）添加相关文本

使用“注释”命令完成文本的添加，得到如图 6-30 所示的泵体工程图。

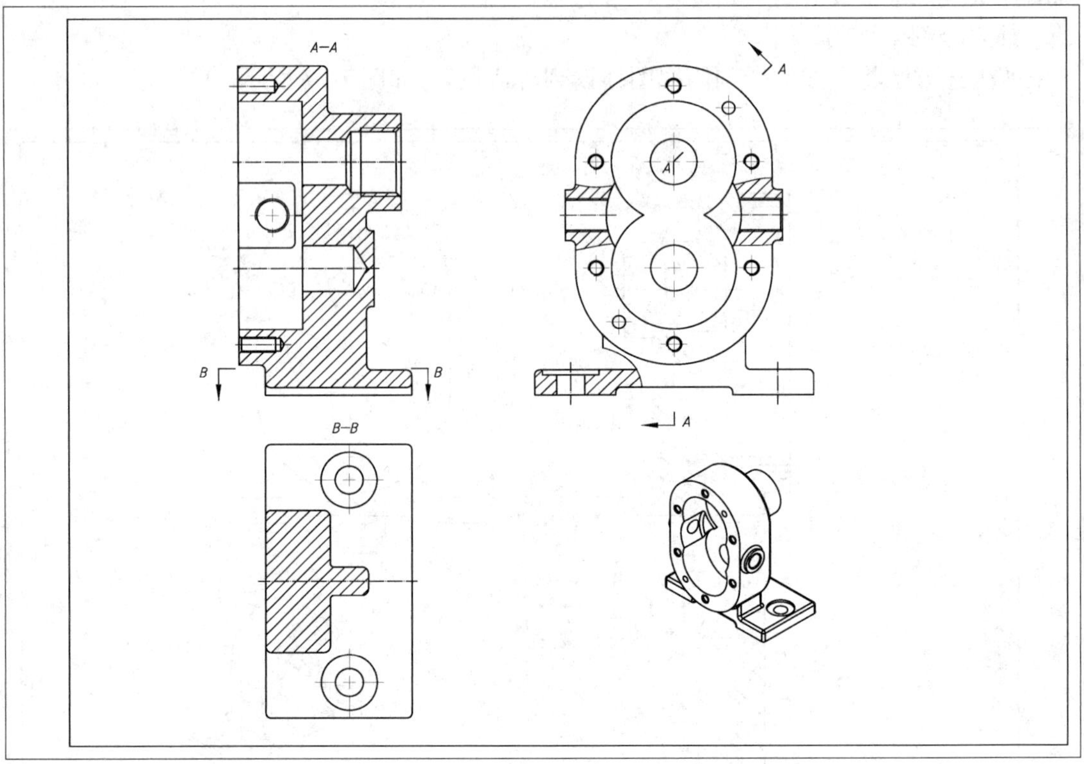

图 7-18 局部剖视图

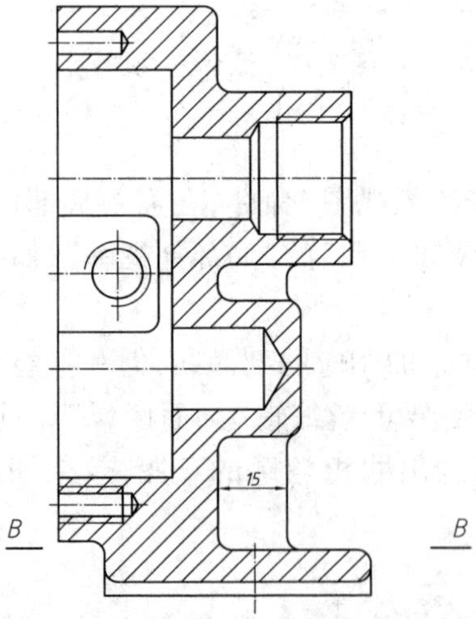

图 7-19 肋板草图

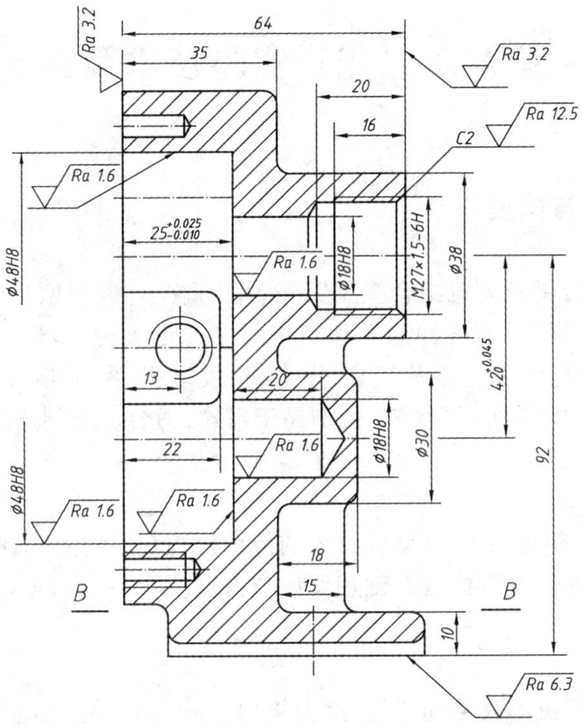

图 7-20　标注尺寸及公差

3.5　实验报告

基于齿轮泵泵体的零件模型，生成齿轮泵泵体工程图，具体要求如下：

①正确设置工程图环境；

②创建如图 6-30 所示的工程图及轴测图；

③尺寸标注要完整、清晰；

④表面结构要采用新国标；

⑤提交文件名为“学号姓名 - 泵体. slddrw”的电子文件。

思考题

1. 简述使用 SolidWorks 建立模型的一般过程。
2. 如何添加草图的几何关系？
3. 如何添加齿轮间的配合关系？
4. 如何调整装配体的显示效果？
5. 试述装配体分解图的创建过程。
6. 如何为工程图添加注解？

第8章　先进实验技术简介

1　机器人创意设计与构型

本实验采用“慧鱼教具及创意组合模型”进行辅助教学，该模型是由德国 Artur Fischer 博士于 1964 年发明的。“慧鱼”有各种型号和规格的零件近千种，一般工程机械制造所需要的零部件（如连杆、齿轮、马达、涡轮以及气缸、压缩机、发动机、离合器），信号转换开关、计算机接口等都可以在“慧鱼”中找到。“慧鱼”模型易于搭建，适合从未制作过机器人的初学者。

1.1　实验目的

通过搭建慧鱼教具模型，了解典型机器人的传动机构与运动方式；结合创新思维与现代设计方法，采用三维绘图软件进行机器人创意设计与构型。

1.2　实验要求

分组搭建模型，了解机器人传动机构；进而构思一款具有一定功能的三自由度机器人，并采用三维绘图软件绘制机器人的零件图和装配图。

1.3　实验工具

慧鱼教具、三维绘图软件（如 SolidWorks、Pro/ENGINEER 等）、计算机。

1.4　实验内容及步骤

本实验选用两种慧鱼模型，分别为 1 号直角坐标型机器人（图 8-1 至图 8-3）和 2 号多关节型机器人（图 8-4 至图 8-7）。要求：同学分组搭建模型，每组 4～5 人；以所搭建的机器人模型为基础，创新设计一款可实现一定功能的三自由度机器人；最后，每组上交一份机器人装配图。

1.4.1　分组搭建慧鱼模型

请各组同学参照图例逐步搭建模型。注：上述图中 E 类零件是融发式开关，M 类零件是电机。

①搭建直角坐标型机器人模型。

②搭建多关节型机器人模型。

1.4.2　机器人创意设计与构型

①依据搭建的机器人模型，将创新思维与现代设计方法相结合，各组提出机器人设计方案。设计要求：机器人具有一定功能，其传动机构可实现三个自由度的运动。

②运用三维绘图软件实现机器人传动机构的零件绘制和装配设计。例如，图 8-8 是一款水果采摘机器人，可实现 X、Y、Z 三轴联动。该组同学以搭建的 1 号直角坐标型机器人模型为基础，设计出由丝杠螺母传动实现的末端执行结构。图 8-9 是一款抓取型机器人。该组同学以搭建的 2 号多关节型机器人模型为基础，设计出由空间连杆机构实现的末端执行结构。

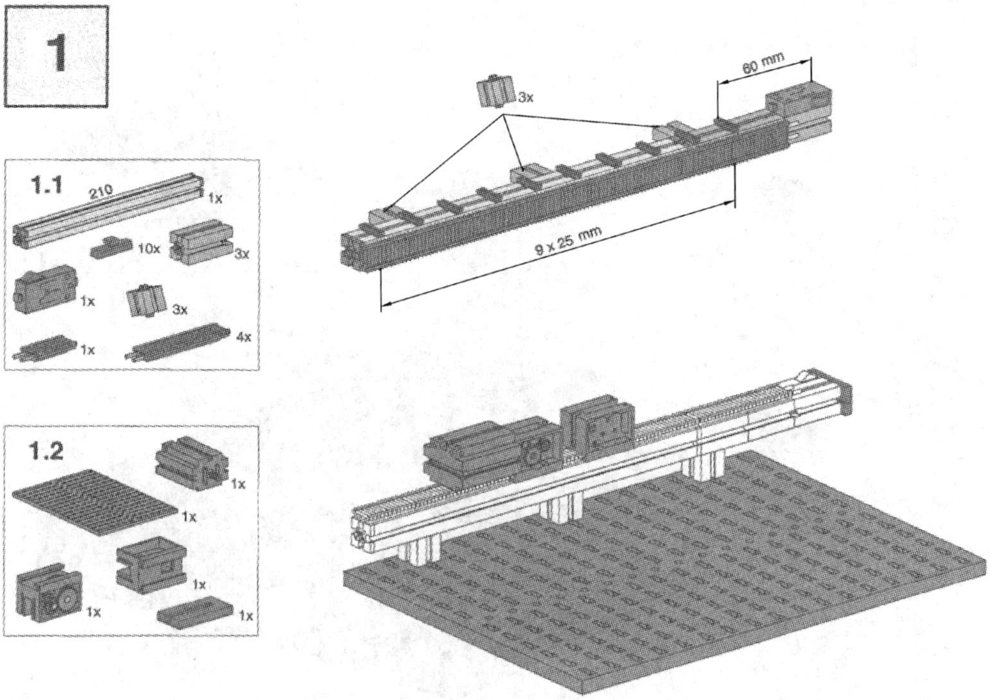

图 8-1　搭建直角坐标型机器人模型步骤 1

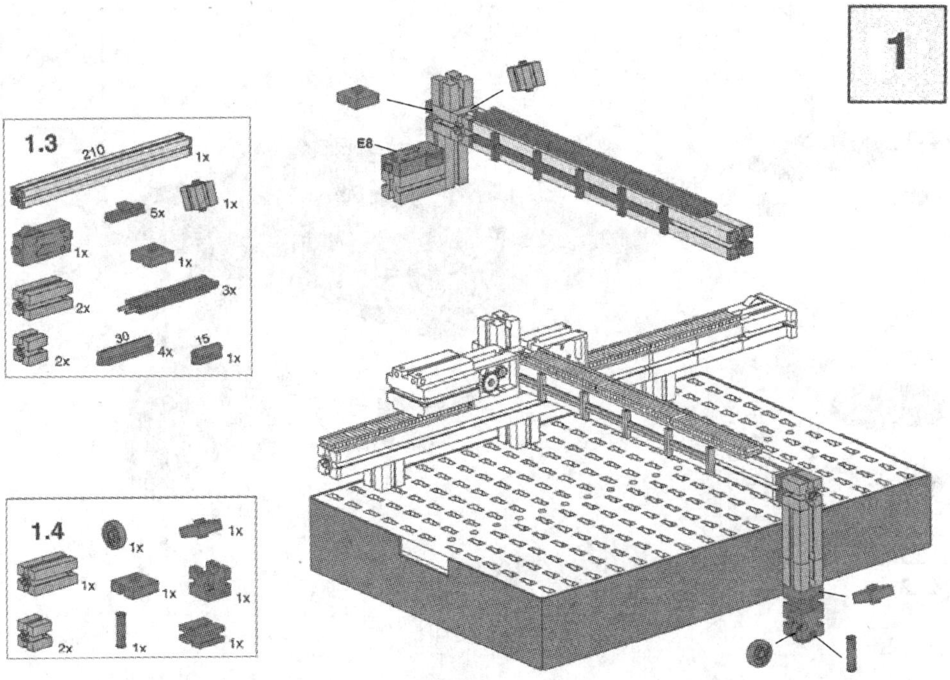

图 8-2　搭建直角坐标型机器人模型步骤 2

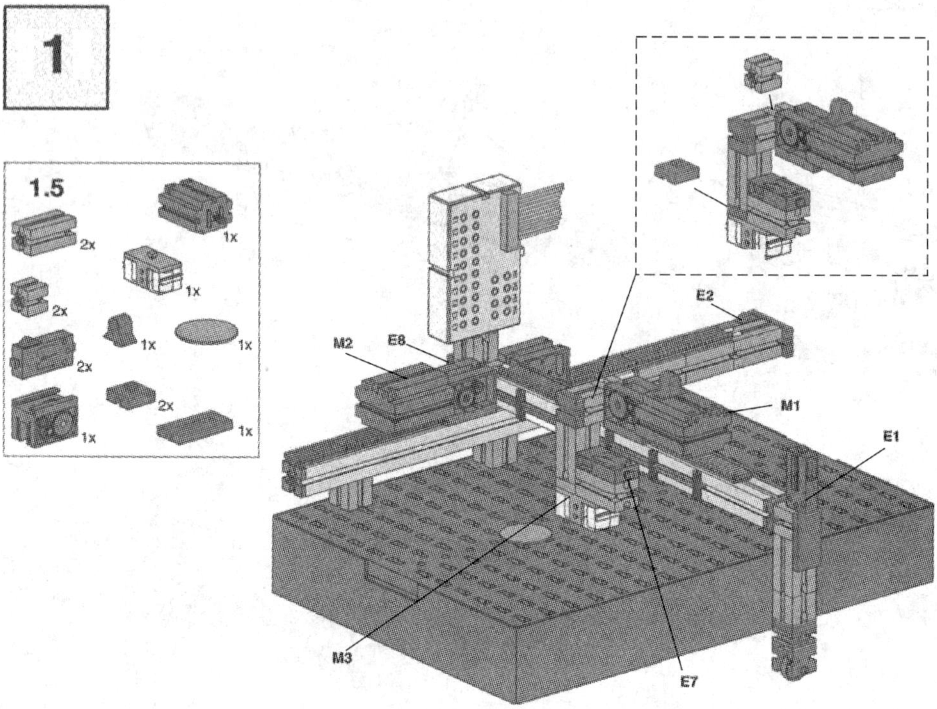

图 8-3　搭建直角坐标型机器人模型步骤 3

图 8-4　搭建多关节型机器人模型步骤 1

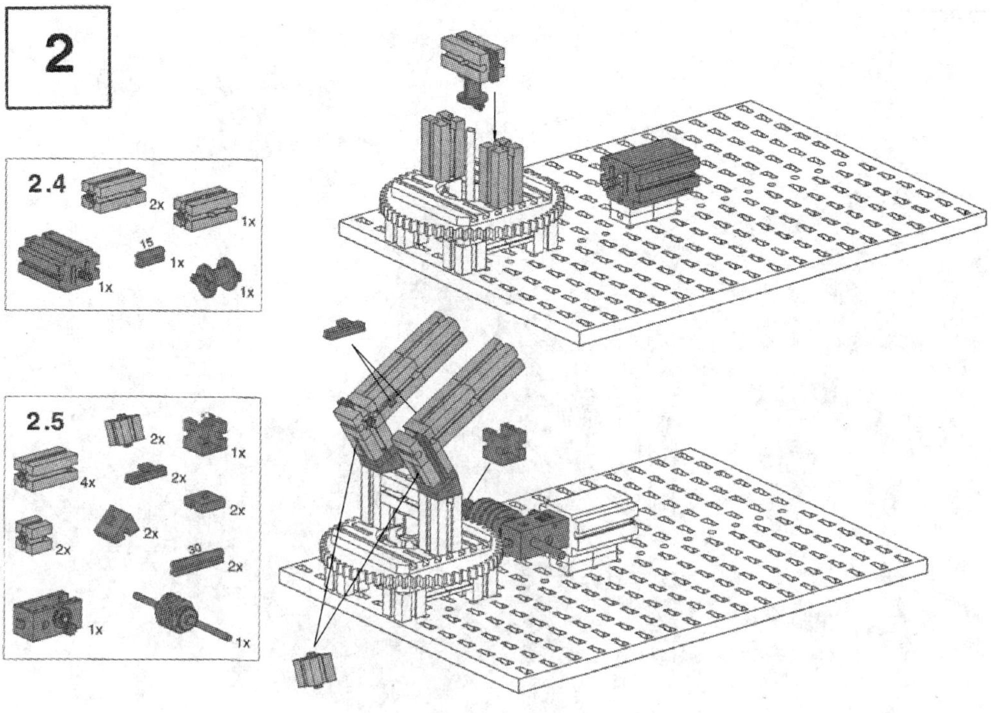

图 8-5　搭建多关节型机器人模型步骤 2

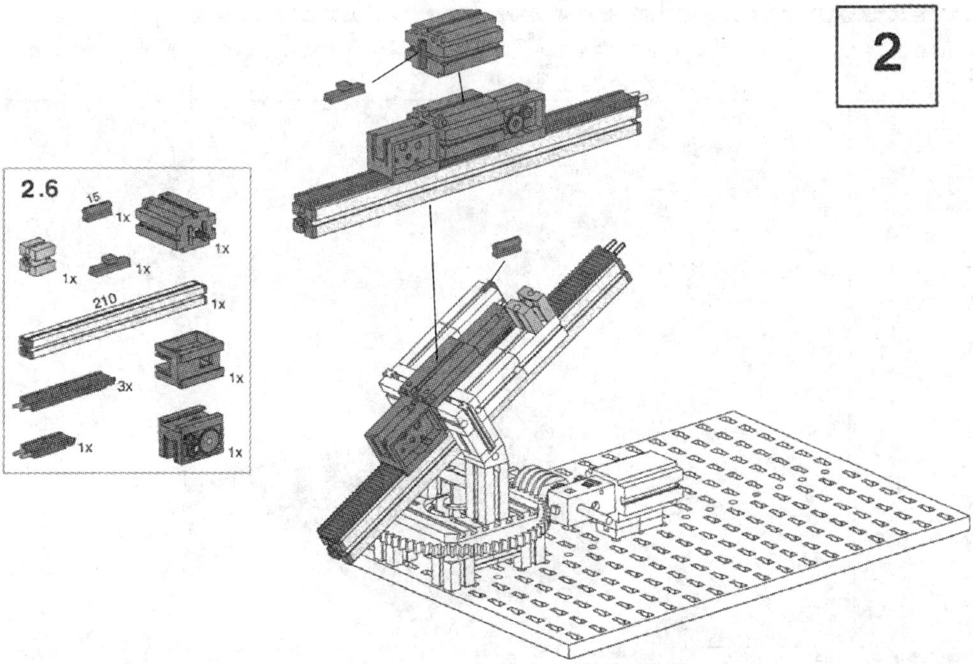

图 8-6　搭建多关节型机器人模型步骤 3

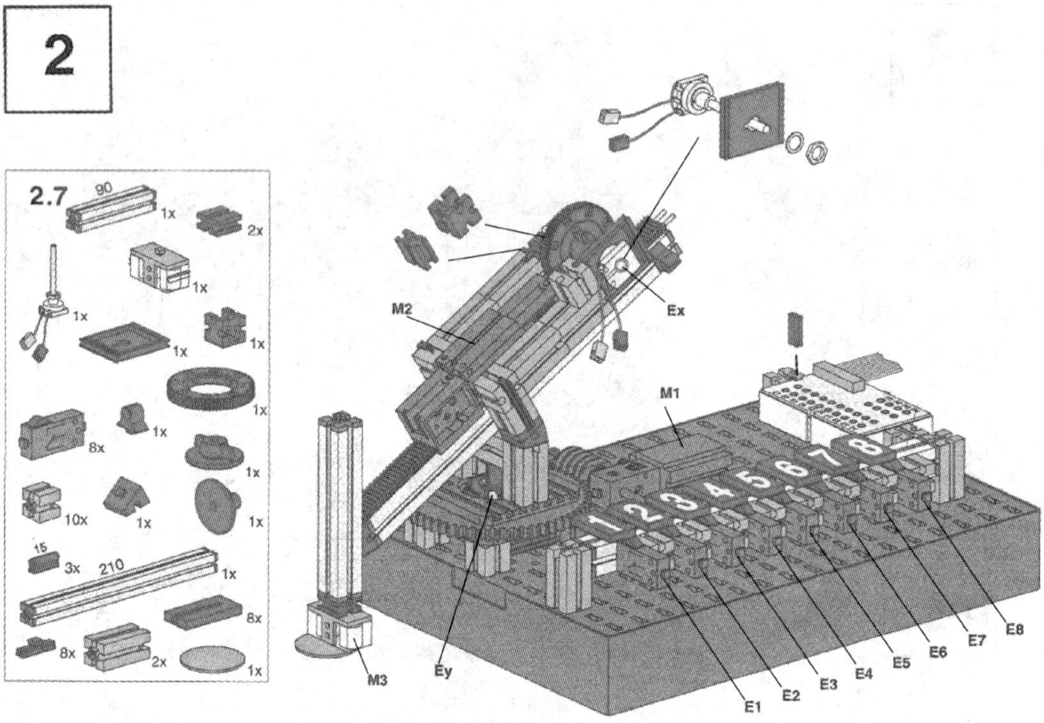

图 8-7　搭建多关节型机器人模型步骤 4

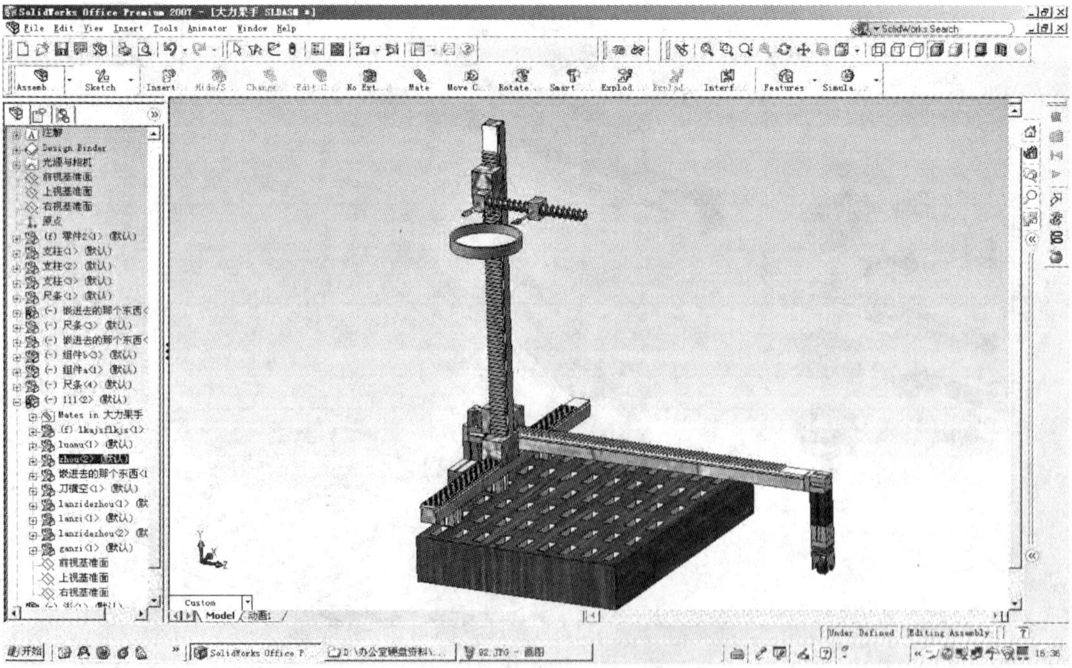

图 8-8　直角坐标型机器人创意设计

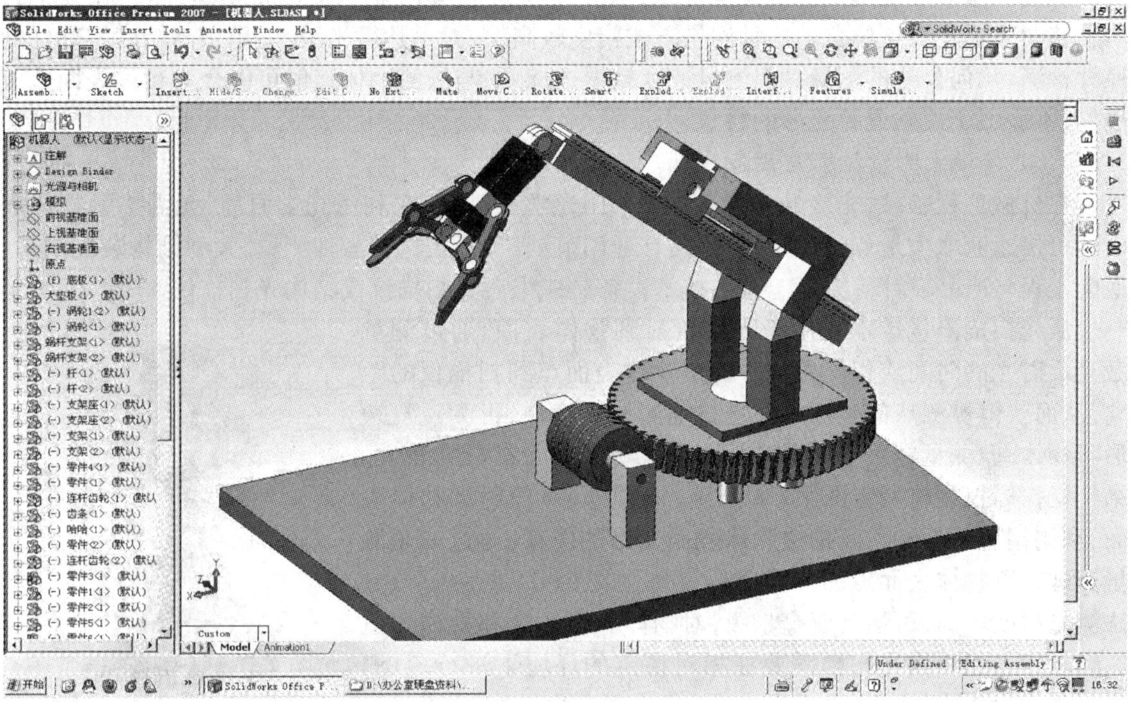

图 8-9　多关节型机器人创意设计

1.5　实验报告

分组搭建模型,每组 4 ~ 5 人;根据所搭建的模型,采用三维绘图软件进行机器人创意设计,要求机器人具有一定的功能,可实现三个自由度的运动。最后上交机器人装配图。

2　三维测量技术简介

2.1　三维测量技术概述

三维测量技术是获取物体三维空间数据的关键手段,主要分为接触式与非接触式两大类。接触式测量通过机械探针接触物体表面来获取精确的坐标数据,具有测量精度高的特点,适用于高精度要求的零件检测。非接触式测量是利用光学、电磁学等原理,不与被测物表面直接接触来获取三维数据信息,具有测量速度快的特点,适用于各种形状的物体测量。三维测量技术广泛应用于工件质量检测、工装检测、生物医学工程以及逆向工程等技术领域,各有特色。

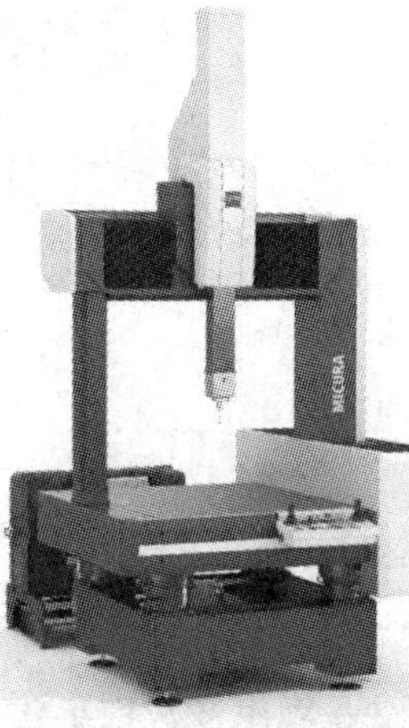

图 8-10　三坐标测量机

2.1.1　接触式测量技术与设备

接触式测量的典型代表是三坐标测量机,如图 8-10

所示。其工作原理是基于笛卡儿坐标系，由 X、Y、Z 三个坐标轴构成测量空间，测头在三个方向上移动来确定测点位置。这种测量方式精度较高，一般可达微米级，适用于高精度零部件的尺寸检测、几何公差的测量。但测量速度较慢，且测头与被测物体接触可能会对物体表面造成损伤，不适用于柔软或易变形的材料。

2.1.2 非接触式测量技术与设备

在机械工程领域，非接触式测量主要采用光学法进行，它利用光学原理，无需接触物体表面即可快速获取大量点云数据，效率高且适用范围广，涵盖机械零件测量、大型结构装配测量、逆向工程与产品设计等方面。常用技术设备是三维激光扫描仪或结构光扫描仪。

激光扫描测量技术利用激光束投射到物体表面，通过测量激光反射光的时间或相位变化来确定物体表面点到扫描仪的距离，从而获得被测点的坐标。激光扫描测量速度快、可测量复杂形状物体，但测量精度受物体表面材质、颜色等因素影响较大。结构光扫描仪是将特定图案（如条纹、格雷码等）投射到物体表面，利用相机从不同角度拍摄物体表面变形的图案，通过三角测量原理计算物体表面点的三维坐标设备，如图 8-11 所示。该方法测量精度较高，可达到亚毫米级，对物体表面颜色和材质的适应性较好。但结构光扫描需要在相对稳定的环境下进行，且测量范围相对较小。

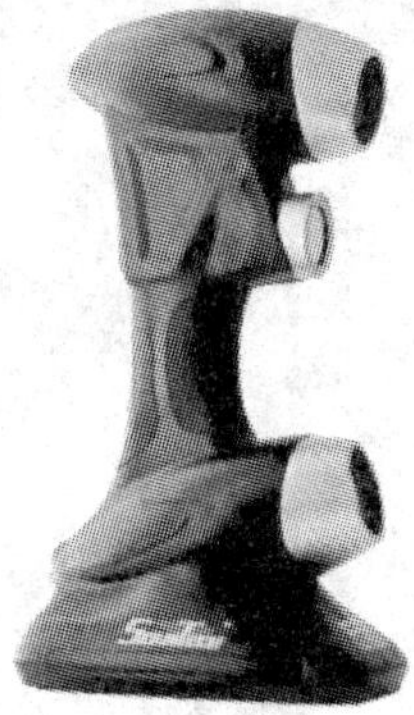

图 8-11 结构光三维扫描仪

2.2 挤牙膏器三维测量实验

2.2.1 实验目的

通过对挤牙膏器的三维测量实验，掌握三维扫描仪的数据采集方法。挤牙膏器采用真空压缩原理，通过挤压按钮挤出牙膏。挤牙膏器材质为 ABS 塑料，由上盖和下盖两部分组成，外表面平滑，内表面结构简单，如图 8-12 所示，根据特点，采用非接触式扫描测量。

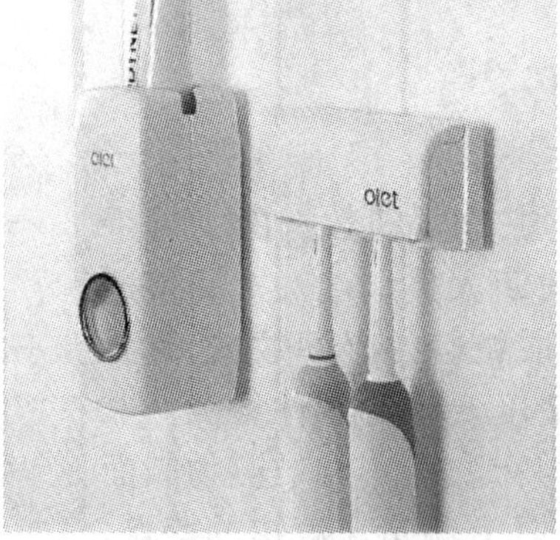

图 8-12 挤牙膏器实物图

2.2.2 实验要求

对仪器操作及数据采集和数据处理有所了解。

2.2.3　实验工具

三维扫描仪、配套扫描软件、计算机。

2.2.4　实验内容及步骤

①准备工作：将扫描仪和计算机连接，安装并启动扫描仪的配套软件，对准扫描仪进行校准操作，以确保扫描数据的准确性。

②粘贴标记点：扫描前将标记点均匀且无规律地粘贴在挤牙膏器上，如图 8-13(a)所示。需要注意标记点的粘贴位置要避开挤牙膏器的细节特征，以避免扫描特征缺失，挤牙膏器的上盖和下盖的内、外表面都要粘贴上标记点。

③扫描操作：在软件中设置扫描参数，如分辨率、扫描范围等，启动扫描功能，扫描仪将自动对物体进行全方位扫描，获取物体表面的点云数据，如图 8-13(b)所示。

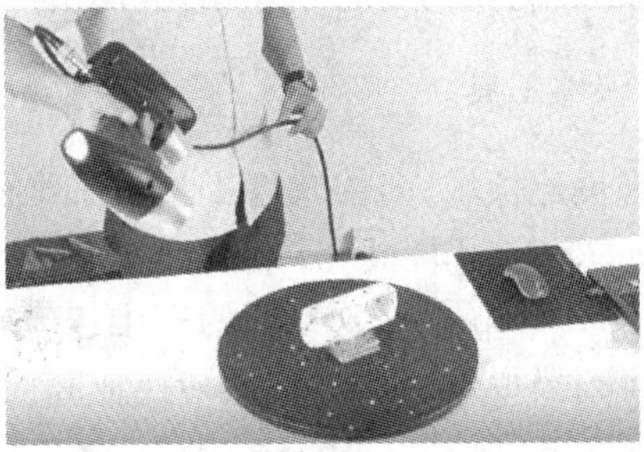

(a)　(b)

图 8-13　结构光扫描仪测量挤牙膏器

(a)粘贴标记点　(b)扫描挤牙膏器

④数据保存：扫描完成后，获取的点云数据如图 8-14 所示，数据保存为 STL 格式。

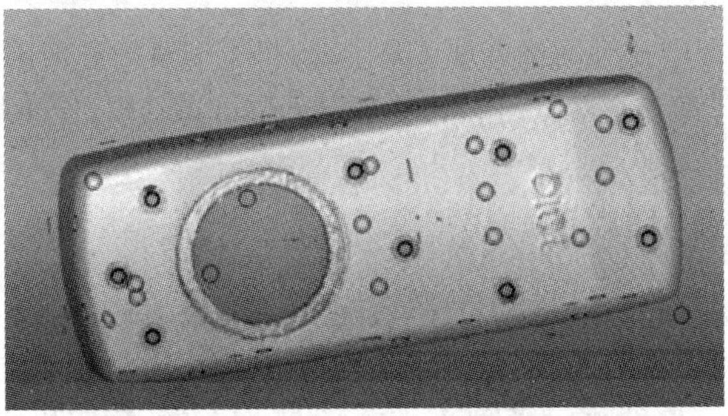

图 8-14　获取点云数据

2.2.5　实验报告要求

①描述实验目的、设备和材料。

②详细记录实验步骤，包括三维扫描仪的操作过程和点云处理的具体方法。

③分析点云处理前后的数据变化，讨论处理方法对数据质量的影响。

3 三维重建技术简介

3.1 三维重建技术原理

三维重建是根据物体的二维图像或点云数据重建出物体的三维模型。对于基于点云数据的三维重建，首先要对大量离散的点云数据进行分析，提取点云的几何特征，如边界、曲率等，然后通过曲面拟合算法，将点云数据拟合为连续的曲面，构建出物体的三维表面模型。常用的曲面拟合方法有 NURBS(非均匀有理 B 样条)曲面拟合、三角网格重建等。NURBS 曲面具有灵活的形状控制能力，能够精确地表示复杂的几何形状；三角网格重建是将点云数据转化为三角形网格，通过优化网格的拓扑结构和几何形状，得到高质量的三维模型。

3.2 常用软件工具

在三维重建领域，多款软件工具为三维模型重建提供精准的解决方案，常用的有 Geomagic Wrap、Imageware、Blender、MeshLab 等。

Geomagic Wrap 是一款专业的三维建模软件，它的点云处理和三维重建功能十分强大，能够快速地将扫描得到的点云数据转换成高质量的三维模型，并且支持多种数据格式的导入和导出。

Imageware 是一款专注于由测量数据创建精确三维模型的软件，它支持多种测量设备获取的数据输入，并且提供先进的点云处理、曲线和曲面生成工具，能够实现高精度的三维重建。

Blender 是一款开源且功能全面的三维制作软件，涵盖建模、动画、渲染等多个领域。在三维重建方面，可将点云数据转换为多边形网格进行精细编辑，丰富的插件功能可满足不同用户的需求。

MeshLab 是一款开源的三维网格处理工具，它提供了丰富的滤波器和网格编辑功能，能够对三维模型进行简化、平滑、参数化等操作，还可以进行纹理映射，使重建的模型更加逼真。

3.3 马头模型三维重建实验

3.3.1 实验目的

通过对马头模型的三维重建实验，掌握点云的曲面重建方法。马头点云形状复杂，包含面部、鼻子、眼睛、耳朵和鬃毛等结构，点云分布不均匀，其中鬃毛等细节丰富区域点云较密，而面部光滑区域点云较稀疏。此外，点云数据量通常较大，对存储、传输和计算效率有一定要求。

3.3.2 实验要求

掌握使用三维重建软件将点云数据转换为三维模型的方法，了解重建过程中的参数设置和优化技巧。

3.3.3 实验工具

计算机、三维重建软件 Geomagic Wrap、马头点云数据。

3.3.4 实验内容及步骤

①导入数据：将扫描设备获取的马头点云数据导入到 Geomagic Wrap 中，如图 8-15 所示。支持多种常见的三维数据格式，如 OBJ、STL、PLY 等。

②点云处理:对导入的点云数据进行降噪、滤波和均匀化等操作,以提高数据质量,这一步骤可以去除扫描过程中产生的异常点和噪声数据。

③创建网格:使用自动网格封装功能,将点云数据转换为三角网格,如图8-16所示。在生成网格过程中,可根据模型特点设置合适的网格参数,如网格密度、光顺程度等。

图8-15　导入点云数据

图8-16　三角网格创建

④网格修复:修复网格中的缺陷,如孔洞填充、重叠面片删除、裂缝修补等,调整网格的拓扑结构,提高模型质量,如图8-17所示。Geomagic Wrap提供了多种网格编辑工具,可以通过网格医生、手动平滑等进行网格调整,去除不必要的部分或增加缺失的细节。

⑤导出网格模型:处理好的多边形网格模型如图8-18所示,导出为STL格式,用于3D打印。

图8-17　网格模型孔洞修复

图8-18　网格模型平滑处理

⑥转换为NURBS曲面:将多边形网格模型转换到精确曲面模块,使用自动曲面化功能一键创建NURBS曲面,如图8-19所示。如果模型较为复杂,可利用曲面编辑工具,调整曲面的控制点、曲率等参数,优化模型形状。

3.3.5　实验报告要求

①阐述实验目的和所用软件工具。

②详细记录三维重建的操作步骤,包括每个步骤的参数设置和操作效果。

③分析模型重建过程中遇到的问题及解决方法。

④对比重建前后的模型,评估重建效果,讨论影响模型质量的因素。

图 8-19 NURBS 曲面模型

4 3D 打印技术简介

4.1 3D 打印技术原理与分类

3D 打印技术是一种快速成型技术,其原理是将模型切片后,按照设计路径逐层打印,最终叠加形成实体。主要分类包括熔融沉积成型(FDM)、光固化成型(SLA)、选区激光烧结(SLS)以及三维立体打印(3DP)等,这些技术在机械工程领域得到广泛应用。其中,FDM 是最常用的 3D 打印技术之一,该技术原理是将丝状热塑性材料通过加热喷头熔融,然后根据三维模型的切片数据,将熔融材料逐层挤出并堆积在打印平台上,冷却凝固后形成三维实体模型,技术原理如图 8-20 所示。FDM 设备结构简单、成本较低,可用材料范围较广,但打印精度相对较低,打印过程中需要添加辅助支撑,打印速度较慢。

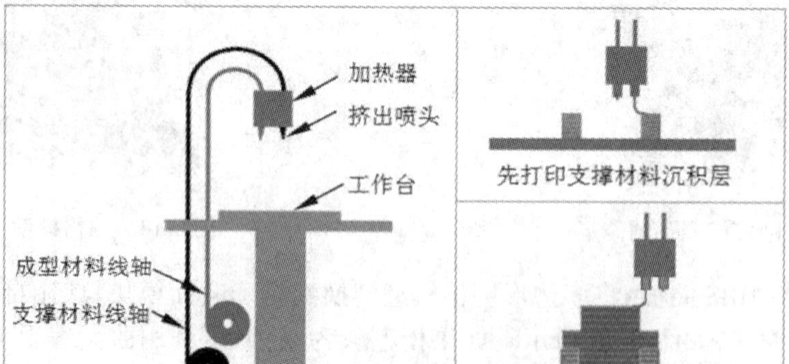

图 8-20 3D 打印技术原理

4.2 FDM的材料与打印参数设置

4.2.1 打印材料选择

FDM常用的打印材料有PLA（聚乳酸）和ABS（丙烯腈－丁二烯－苯乙烯共聚物）。PLA材料环保，易打印，收缩率低，打印过程中不易翘边。ABS材料强度高、韧性好，但打印时需要较高的温度，且容易翘边，通常需要在打印平台上使用加热装置和辅助支撑结构。选择打印材料时，需根据模型的使用要求和打印设备的性能进行综合考虑。

4.2.2 打印参数设置

①层高：通常在0.1～0.3 mm。0.1 mm适用于高精度模型，但打印时间较长；0.2 mm是标准设置，兼顾质量和效率；0.3 mm可减少打印时间，但打印质量较差。

②打印温度：根据材料不同，一般在180～260 ℃。PLA材料通常在190～220 ℃，ABS材料在220～250 ℃。温度过高会导致材料降解或模型变形，温度过低可能导致层间附着力不足。

③打印速度：一般在20～100 mm/s。较高的打印速度可以提高效率，但会导致材料无法充分熔化，影响打印质量。建议根据具体材料和打印机性能进行调整。

④填充密度：通常在10%～100%。填充密度越高，模型的强度越大，但打印时间也会增加。对于需要较高强度的模型，可以选择50%～100%的填充密度；对于外观模型，可以选择10%～30%的填充密度。

⑤壳厚度：一般在0.8～3.0 mm。壳厚度决定了模型的外壁厚度。对于需要较高强度的模型，可以选择1.2～3.0 mm的壳厚度；对于简单的外观模型，选择0.8～1.2 mm壳厚度即可。

⑥支撑结构：根据模型的复杂程度和悬空部分的多少来决定是否需要添加支撑。对于有悬空或倾斜角度较大的部分，建议添加支撑结构以保证打印质量。支撑结构可以在切片软件中自动添加或手动调整。

⑦喷嘴直径：常见的有0.2 mm、0.4 mm、0.6 mm、0.8 mm等。较小的喷嘴直径可以提高打印精度，但打印速度较慢；较大的喷嘴直径可以提高打印速度，但精度相对较低。根据实际需求选择合适的喷嘴直径。

4.2.3 模型切片处理

使用切片软件（如Cura、Simplify3D、UP Studio等）对三维模型进行切片处理。切片软件将三维模型沿Z轴方向切成一系列薄片，并生成打印路径和G代码。在切片过程中，需要设置上述打印参数。

4.3 实验项目：四旋翼无人机机身3D打印实验

4.3.1 实验目的

通过对四旋翼无人机机身的3D打印实验，掌握FDM打印方法。四旋翼无人机是一种能够垂直起降并以四个旋翼为动力装置的飞行器，如图8-21(a)所示，多用于航拍，在自然灾害应急、工程监管、农田作业、休闲娱乐等方面发挥着重要的作用。四旋翼无人机的机身如图8-21(b)所示，它是四旋翼装置的承载平台，无人机的安全性、稳定性与机身密不可分。

（a） （b）

图 8-21 四旋翼无人机机身

(a)四旋翼无人机 (b)机身机构

4.3.2 实验要求

掌握 FDM 3D 打印技术的操作流程，能够根据模型特点设置打印参数、打印及后处理。

4.3.3 实验工具

FDM 3D 打印机（如桌面打印机 UP BOX）、无人机机身三维模型、打印材料（ABS）、切片软件、后处理工具（砂纸、剪刀、喷漆等）。

4.3.4 实验内容及步骤

①导入模型：将机身 STL 模型导入切片软件 UP Studio，设置正确的打印方向，如图 8-22(a)所示。

②分层切片：根据模型特点，考虑加工时长和精度，设置分层参数如表 8-1 所示，对模型进行分层切片，如图 8-22(b)所示。

表 8-1 参数汇总

参数类别	参数模块	参数名称	参数值
分层	质量	质量	0.3 mm
		层厚	0.25 mm
	顶部/底部	角度	40°
		底部层片	4
	密集支撑	角度	30°
		层数	4
		最小长度	5 mm
		悬边/悬点延伸	1 mm
路径	路径模式	轮廓	2 mm
		填充密度	25%
		支撑密度	15%
喷头	喷头 1	喷嘴直径	0.4 mm

③打印机校准与材料准备：对 FDM 3D 打印机进行校准，包括喷头与打印平台的间距校准、打印平台的水平校准等。将 ABS 打印材料进丝到喷头处，开启打印机并预热。针对 ABS 材料熔点选择 270 ℃打印温度，平台温度设置为 90 ℃。

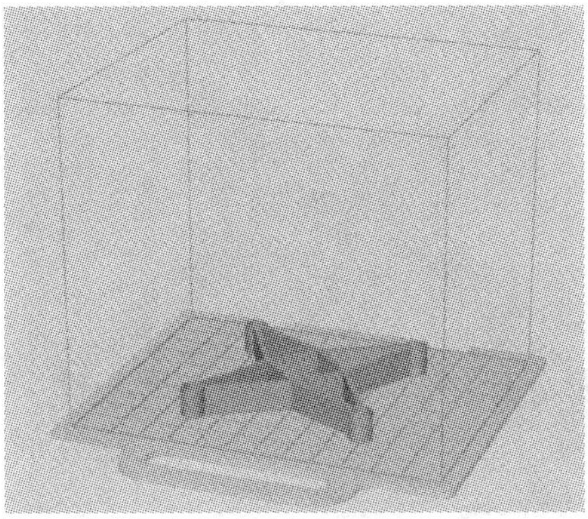

(a)

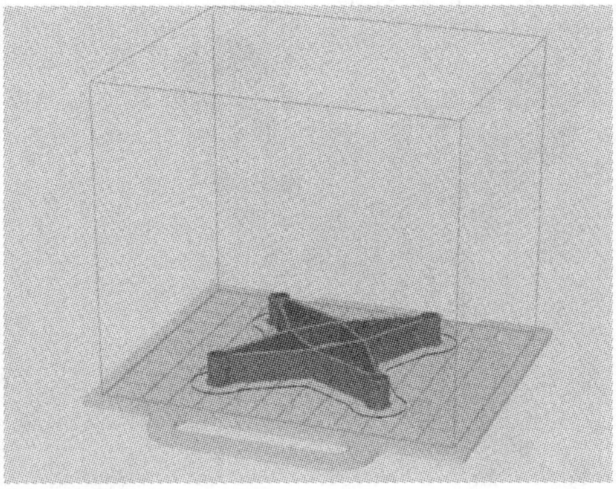

(b)

图 8-22　模型导入与分层

(a)导入模型文件　(b)模型分层

④开始打印:将设置好的打印任务发送到 FDM 3D 打印机,启动打印。在打印过程中,观察打印情况,如图 8-23 所示,观察是否有喷头堵塞、模型翘边等现象。

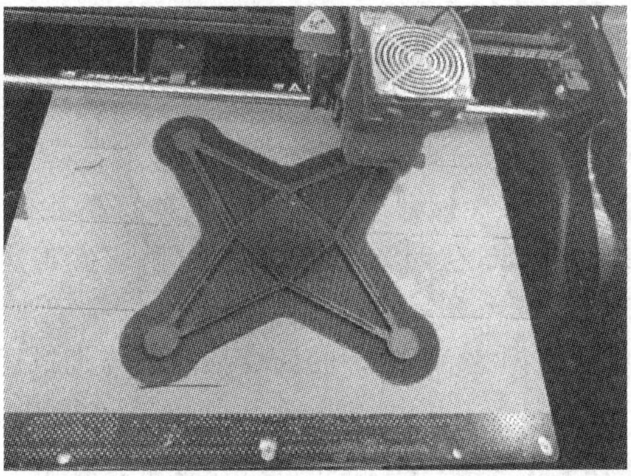

(a)

(b)

图 8-23　无人机机身打印

(a)模型打印中　(b)模型打印结束

⑤打印后处理:打印完成后,从打印平台上取下模型,如图 8-24(a)所示。根据需要,对模型进行去除支撑结构、打磨表面、上色等后处理,获得最终的打印成品,如图 8-24(b)所示。

4.3.5　实验报告要求

①阐述实验目的和所用软件工具。

②详细记录 3D 打印的操作步骤,包括每个步骤的参数设置和操作效果。

③分析打印过程中遇到的问题及解决方法。

④评估无人机机身的打印效果,讨论影响打印质量的因素。

(a)　　　　(b)

图 8-24　打印后处理

(a)取下打印件　(b)无人机机身成品

思考题

1. 搭建慧鱼教具模型时,注意零件的作用和拼装顺序。

2. 细致观察传动机构的传动方式。

3. 观察日常生产生活,思考哪些地方需要采用机器人操作?

4. 在挤牙膏器三维测量实验中,为什么要粘贴标记点?标记点的粘贴位置有何要求?

5. 对比 Geomagic Wrap、Imageware、Blender 和 MeshLab 这四款三维重建软件,它们各自的特点和适用场景是什么?

6. 在马头三维模型重建实验中,如何将点云数据转换为 NURBS 曲面模型?请详细描述该过程的关键步骤和注意事项。

7. 在四旋翼无人机机身 3D 打印实验中,为什么要对 FDM 3D 打印机进行校准?校准的具体步骤有哪些?

8. FDM 打印技术中,支撑结构的作用是什么?在什么情况下需要添加支撑结构?如何在切片软件中进行设置?

9. 打印后处理在 FDM 打印流程中起什么作用?常用的打印后处理方法有哪些?

10. 如何评估打印模型的质量?请从打印精度、力学性能和外观等方面进行分析。

第9章　工程图学虚拟仿真实验指导

1　工程图学虚拟仿真实验概况

工程图学是高等教育工科类专业的技术基础课程，具有理论性和实践性强的特点。虚拟仿真实验依托虚拟现实、多媒体人机交互、数据库和网络通信等技术，可有效解决课程实践教学资源不足等问题，并提高实践教学开放共享水平，促进工程图学教学模式转型。在新工科教育转型的背景下，天津大学工程图学教学团队积极建设并获批了国家级虚拟仿真实验教学项目"面向机械结构创意设计的工程图学虚拟仿真实验"，该项目已在国家虚拟仿真实验教学课程共享平台"实验空间"网站运行了多年，积累了丰富的实践教学经验和虚拟仿真实验建设成果。在此基础上，围绕工程图学课程的教学主题，新版工程图学虚拟仿真实验结合形象思维和逻辑思维相互补充、融合的工程图学教学理念，对已有实验系统深化内容并补足短板，研发了基本立体中常见的截切立体和相贯立体，组合体读图和图样画法，及装配体读图、拼装、拆画零件图等重点难点内容的虚拟仿真实验。学生通过在计算机的虚拟实验环境中探究学习及交互操作，可完成从基础学习到按样例的操作，再到创新设计循序渐进的实验过程，有效提高了形体构型能力、工程图表达能力、机械结构的设计能力。该新版实验系统已于2024年在天大天问平台以数字教材形式正式出版运行，除更新实验模块外，还包括学生注册、登录、实验答题结果自动批改、成绩管理、实验报告提交及下载等管理功能，方便教师进行教学设计和管理。

1.1　实验网站平台和登录过程

访问实验网站平台，网址为：http://gctx.tdtianwen.com。

输入网址后，打开天大天问平台工程图学虚拟仿真实验网站，点击右上角的"登录/注册"按钮，出现网站登录界面，可采用微信扫码、账号密码或手机验证码方式登录。如果未注册过账号，当使用微信扫码后，根据提示可填入手机号及验证码自动完成注册，如图9-1所示。购买工程图学虚拟仿真实验数字教材后，点击右下角"获取书籍"按钮，输入天大天问数字教材的密码，则右下角出现"虚拟仿真"按钮(图9-2)。点击该按钮，打开一个包含虚拟仿真实验入口及实验账号和密码的小窗口，如图9-3所示。

1.2　工程图学虚拟仿真实验任务

工程图学虚拟仿真实验系统分为三个层次：基本立体虚拟仿真实验、组合体虚拟仿真实验和装配体虚拟仿真实验。基本立体虚拟仿真实验包含平面立体，截切立体和相贯立体三个子模块；组合体虚拟仿真实验包含组合体正投影图选择、图样画法、组合体拼装和读图四个子模块；装配体虚拟仿真实验包含装配图读图拼装和拆画零件图两个子模块。三个递进层次的实验设计，使工程图学学习者从机械结构设计的基本结构形状、组合结构，直到装配体设计绘图有一个较好的训练过程，为后面学习机械专业课程做好铺垫和衔接。

基本立体虚拟仿真实验旨在培养学生熟悉三面投影图的基本规律，掌握运用空间想象力

图 9-1　天大天问平台工程图学虚拟仿真实验首页

图 9-2　天大天问平台工程图学虚拟仿真实验首页(添加了注释)

获得立体三面投影的分析方法,熟悉和了解常见截切立体和相贯立体的投影规律和作图方法,运用信息化技术实现各种结构变化的交互操作和图形表达,有效解决实物模型种类缺乏无法适应创意思维培养的问题。

组合体虚拟仿真实验意在启发学生理解组合体正面投影图的选择原则,学会用形体分析法画图和读图,通过反复交互和对比组合体不同视图和剖切面选择的投影结果,多维度体验组合体的读图和画图的重点与难点,熟练掌握常见组合体结构的形成过程、投影方法及剖视图的表达等。

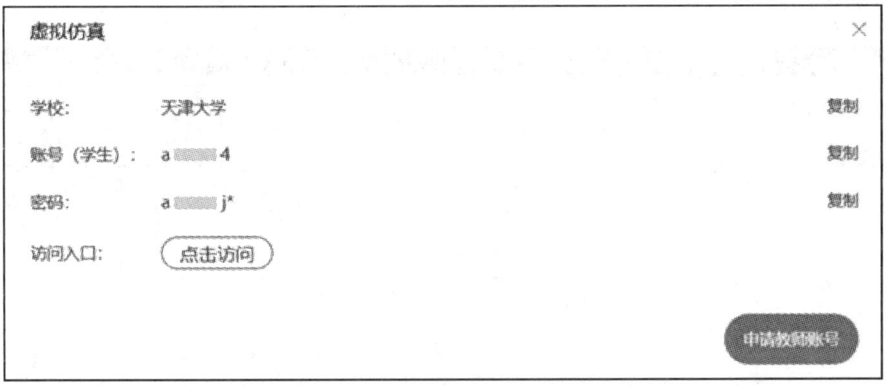

图 9-3　工程图学虚拟仿真实验入口小窗口

装配体虚拟仿真实验是引导学生通过阅读装配体的工作原理、装配及拆装关系和装配图等基本方法和知识，允许学生在三维虚拟环境下，观察和复现已有零部件结构和装拆过程，培养学生的创意思维和设计表达能力。

1.3　工程图学虚拟仿真实验系统主界面

点击图 9-3 的访问入口链接后，界面从天大天问平台跳转到工程图学虚拟仿真实验系统，在图 9-4 所示的用户登录界面输入图 9-3 窗口提供的账号和密码。

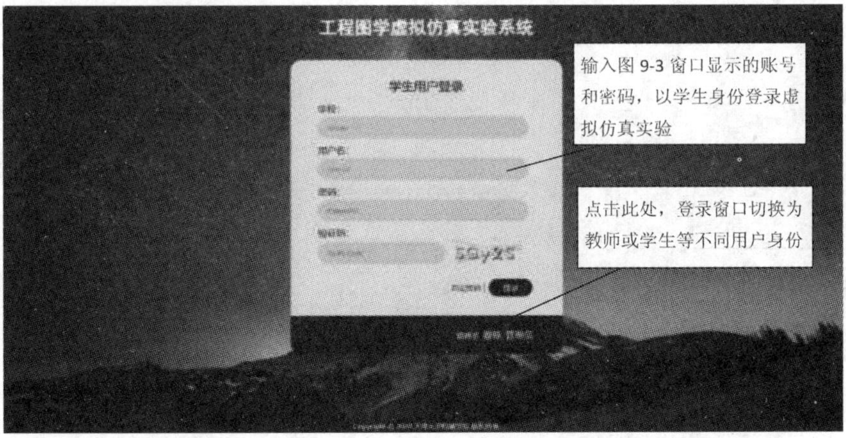

图 9-4　工程图学虚拟仿真实验系统登录界面

1.3.1　学生用户实验系统主界面操作

(1)登录后修改学生信息

学生用户登录后出现如图 9-5 所示的学生端实验系统的主界面，点击右上角的“修改密码及完善信息”，打开如图 9-6 所示的界面。注意，其中的教师账号和逻辑班级，按任课教师给定的名称填写，如果填错了教师账号，将导致教师端无法查看和管理学生的虚拟仿真报告和实验成绩。

绑定教师账号后，可在个人信息界面查看所绑定的逻辑教师名，如果没有更新显示，可重新登录后查看。

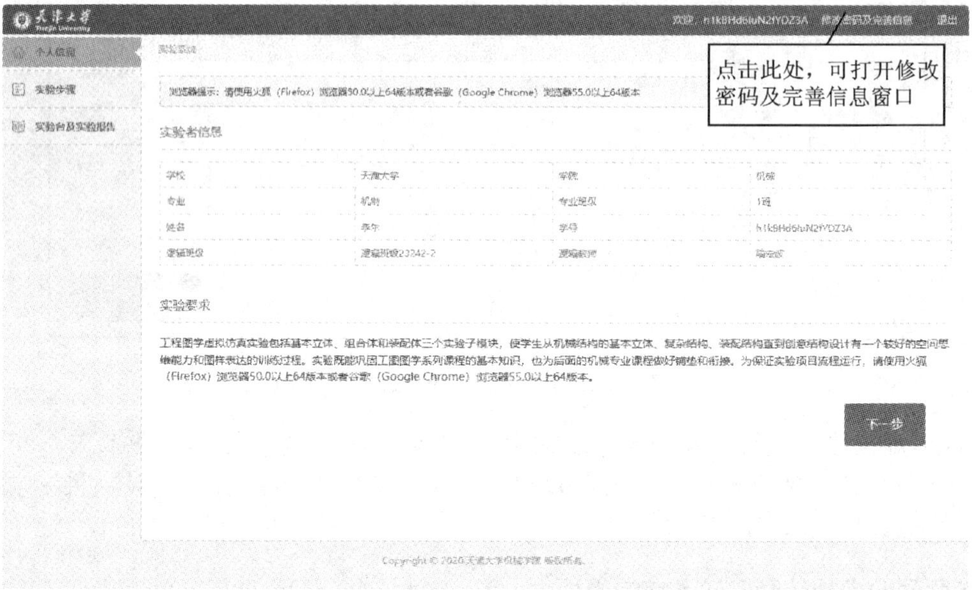

图 9-5　工程图学虚拟仿真实验学生端主界面

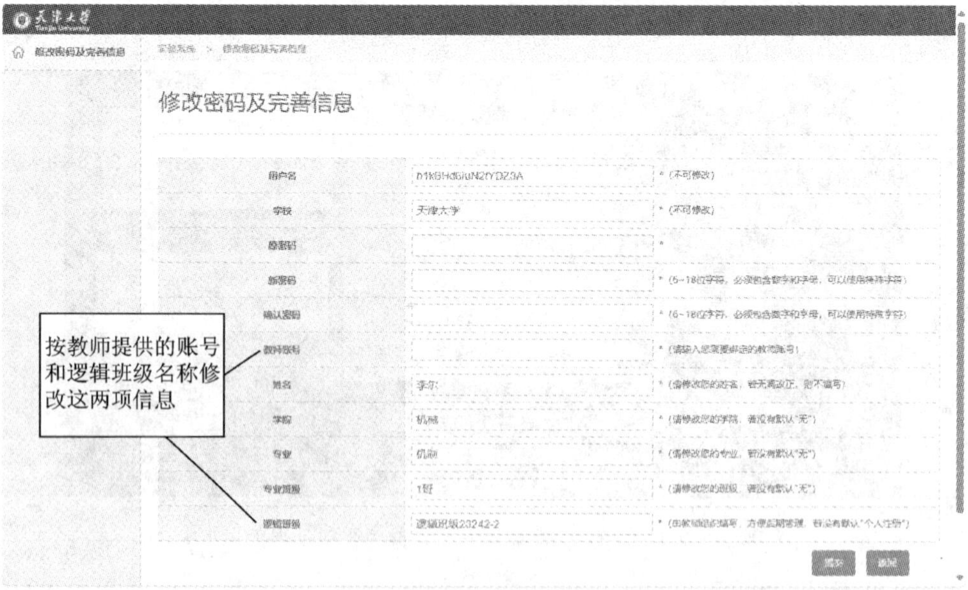

图 9-6　修改密码及完善信息界面

(2)加载实验

参考图 9-7 ~ 图 9-10 的操作,可加载并打开工程图学虚拟仿真实验操作界面。

1.3.2　教师用户实验系统主界面操作

在图 9-11 所示界面以教师用户登录工程图学虚拟仿真实验,打开教师管理端主界面(图 9-12),可完成学生管理和实验管理等操作。

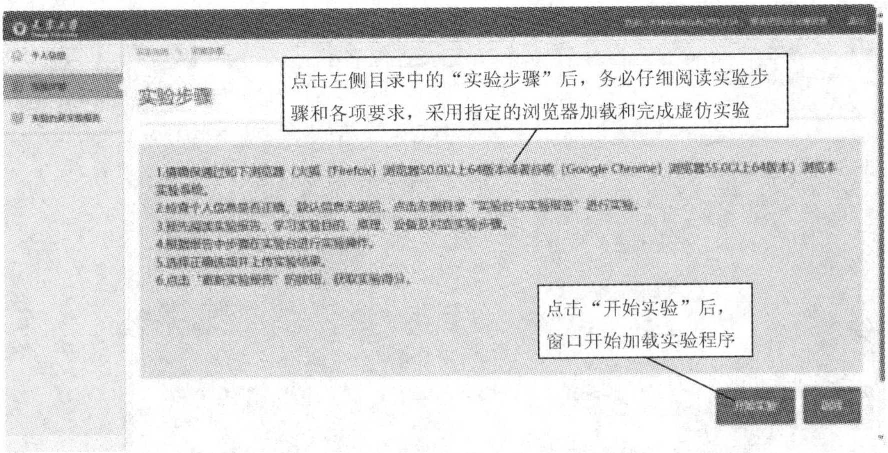
实验步骤
点击左侧目录中的“实验步骤”后，务必仔细阅读实验步骤和各项要求，采用指定的浏览器加载和完成虚仿实验
点击“开始实验”后，窗口开始加载实验程序

图 9-7　实验步骤界面

个人信息
实验步骤
实验台
unity WebGL
VirtualMachine_webgl

图 9-8　加载虚拟仿真实验界面

个人信息
实验步骤
实验台
加载完成后，出现工程图学虚拟仿真实验首页
工程图学虚拟仿真实验
开始实验
unity WebGL
VirtualMachine_webgl

图 9-9　工程图学虚拟仿真实验首页界面

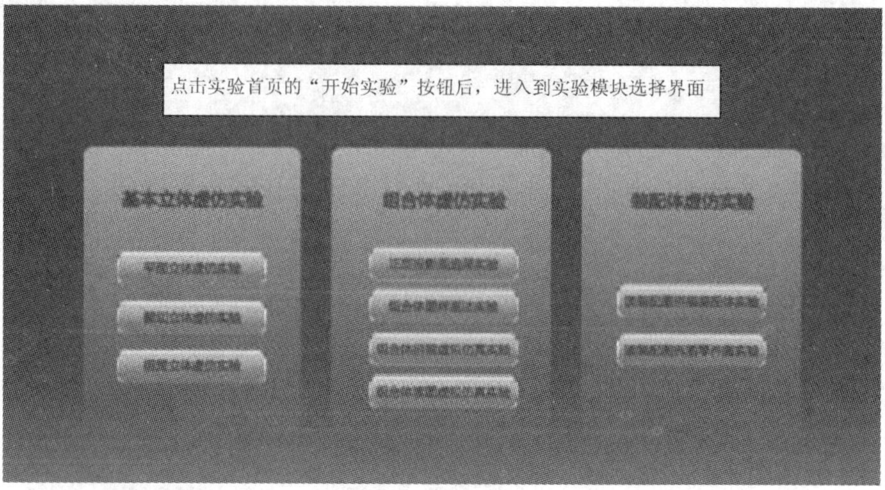

图 9-10　工程图学虚拟仿真实验模块选择界面

图 9-11　教师用户登录界面

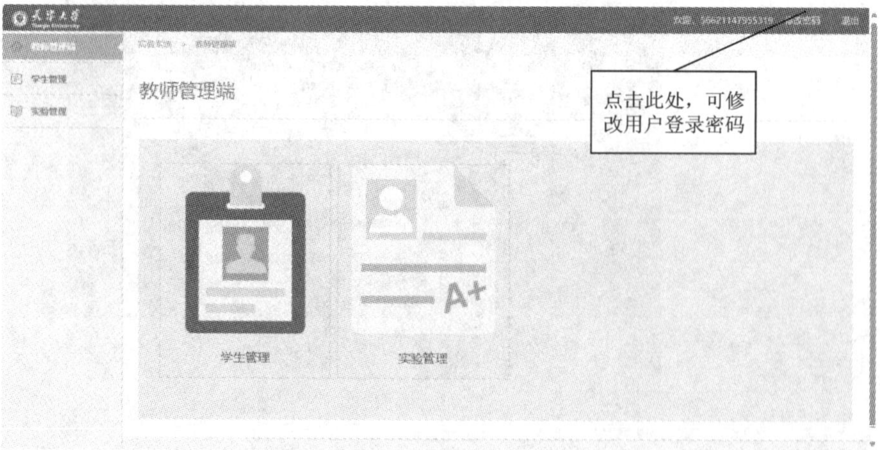

图 9-12　教师管理端主界面

(1)学生管理

图 9-13 为学生管理界面,点击名单右侧的“编辑”,打开图 9-14 所示的编辑信息窗口,其中可修改学生的学院、专业、班级、逻辑班级等信息。当修改学生的逻辑班级名后,在图 9-15 所示的逻辑班级下拉列表框中,自动导入该逻辑班级名称。

注意,如需要在教师端学生管理界面中显示授课班级的学生名单,需要提前把教师账号和逻辑班级名称告诉学生,且学生在个人信息修改中绑定教师账号和逻辑班级,则教师重新登录后在教师端主界面的学生管理中显示该学生名单。

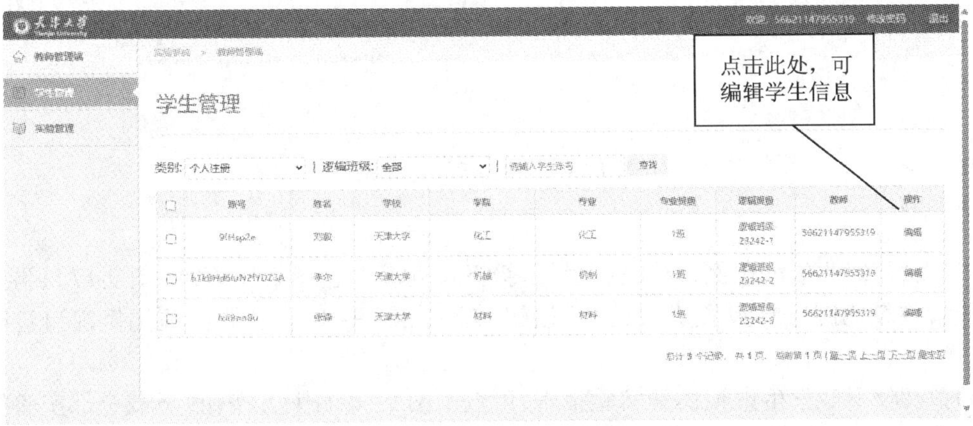

图 9-13　学生管理界面

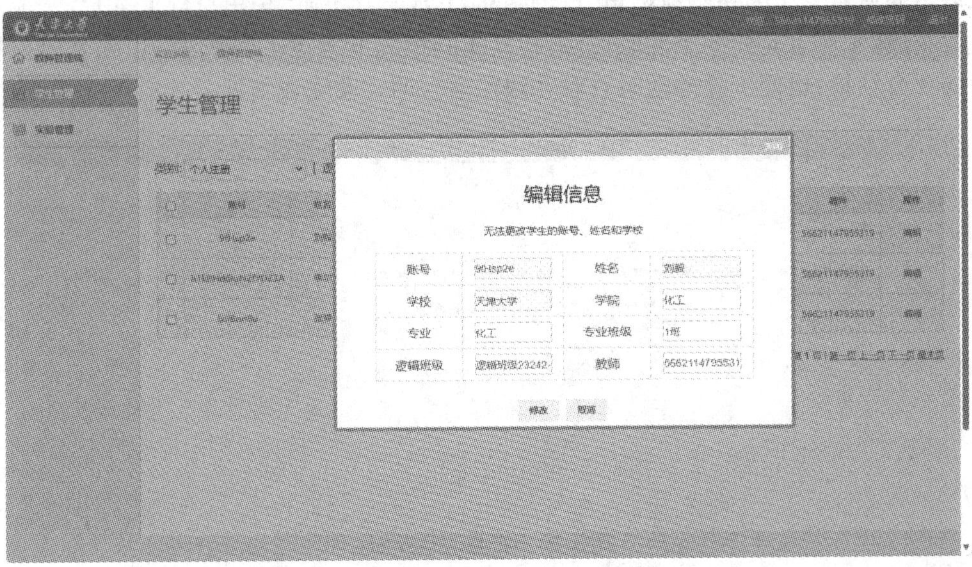

图 9-14　学生管理:编辑学生专业和班级等信息

(2)实验管理

点击教师端管理主界面左侧的实验管理,打开如图 9-16 所示的实验管理画面。其中可以进行查看/修改虚拟仿真实验各模块成绩比例、查看/下载实验报告及查看/下载实验成绩等操

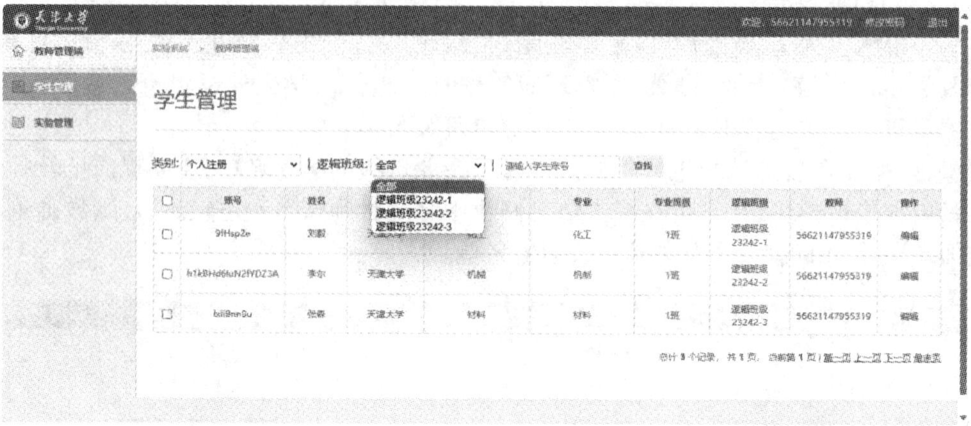

图 9-15 学生管理:逻辑班级

作。

如需查看/修改成绩比例,首先在逻辑班级下拉列表框选择某一班级(图 9-17),再点击右侧的“查看成绩比例”或“设置成绩比例”按钮,打开如图 9-18 所示的成绩比例窗口进行查看或修改。

如需查看/下载学生虚拟仿真实验报告,可点击图 9-16 右上方按钮“下载全部实验报告”,则将学生已提交的实验报告以一个压缩文件(.zip)打包下载;也可点击图 9-17 右下侧的“查看|下载”,如图 9-19 所示为查看的某个学生的实验报告。

如需下载所有学生的实验成绩单,点击图 9-17 右上方按钮“导出全部 Excel”。

注意:提醒学生每完成一个实验模块,在其实验报告下方点击“提交”,以便及时保存所完成实验的评分结果,也便于教师随时查看并跟踪学生的实验完成情况。

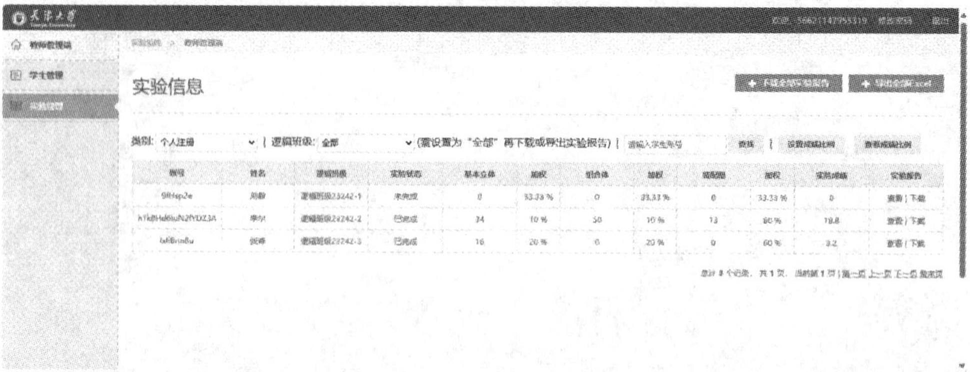

图 9-16 实验信息界面

2 基本立体虚拟仿真实验

基本立体虚拟仿真实验共包括平面立体、截切立体及相贯立体三个虚拟仿真实验子模块。

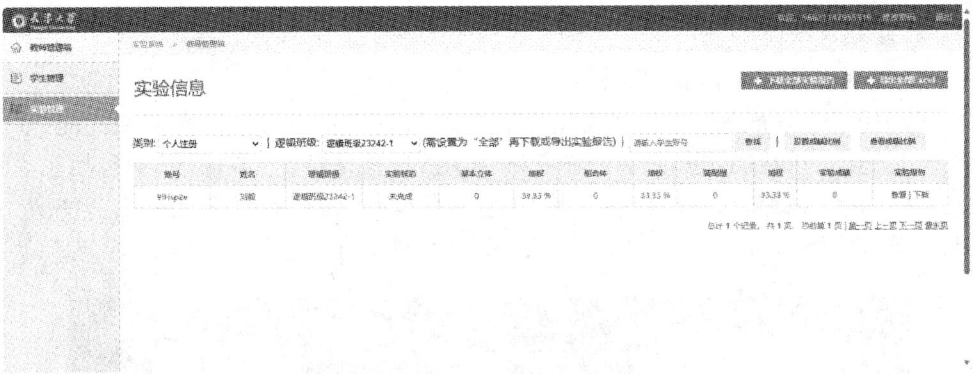

图 9-17 实验信息:选择逻辑班级

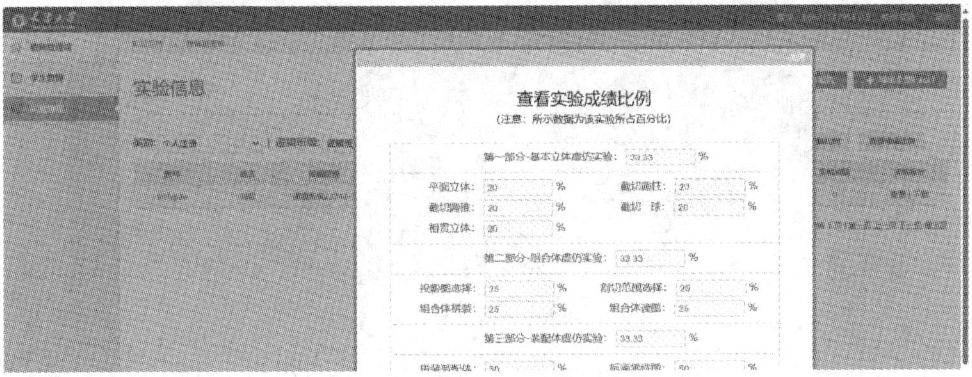

图 9-18 实验信息:查看或修改成绩比例

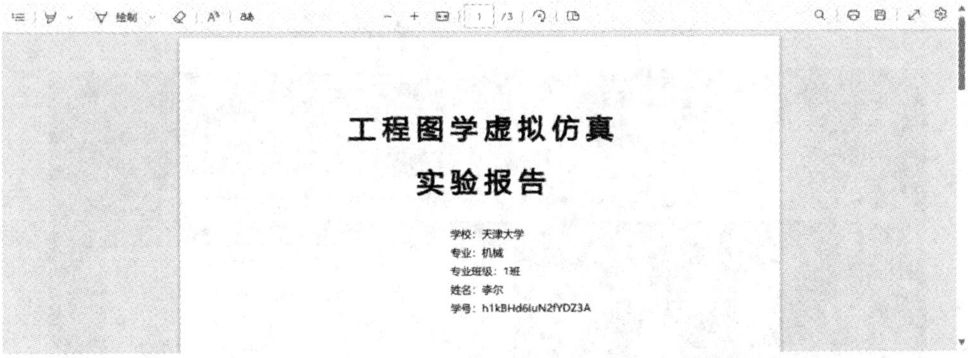

图 9-19 实验信息:查看学生的虚拟仿真实验报告

2.1 平面立体虚拟仿真实验

2.1.1 实验目的

熟悉正投影法的三投影面体系,及获得立体三面正投影图的投射方法,正确理解三面正投影图展平后应符合的投影规律。

2.1.2 实验要求

根据已知平面立体三维示意图,选择搭建平面立体的叠加块或挖切方式,搭建立体虚拟模型;改变立体模型在三投影面体系中的姿态;根据所确定的立体姿态,正确选择其对应的三面投影图。

2.1.3 实验内容及步骤

(1)进入平面立体虚拟仿真实验模块

点击图9-10中“平面立体虚仿实验”按钮,进入到平面立体虚拟仿真实验界面,如图9-20所示。点击右上角的“帮助”按钮,打开图9-21所示的“操作帮助”界面,其中包括在虚拟环境中完成该实验的鼠标操作和按钮功能说明,熟悉这些操作方式后,可关闭界面。注意,其他实验模块也有类似的操作帮助,但具体内容会因实验不同而有所差异。

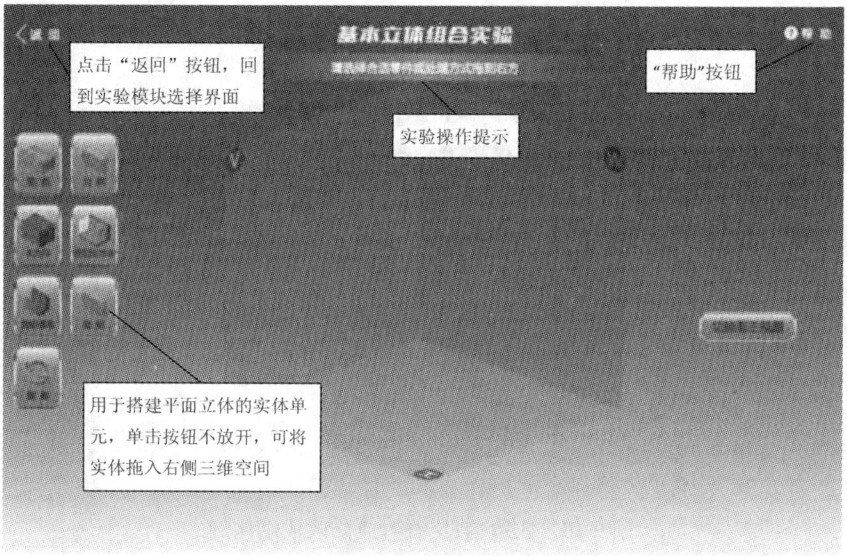
基本立体组合实验
点击“返回”按钮,回到实验模块选择界面
“帮助”按钮
实验操作提示
用于搭建平面立体的实体单元,单击按钮不放开,可将实体拖入右侧三维空间

图9-20 平面立体虚拟仿真实验界面

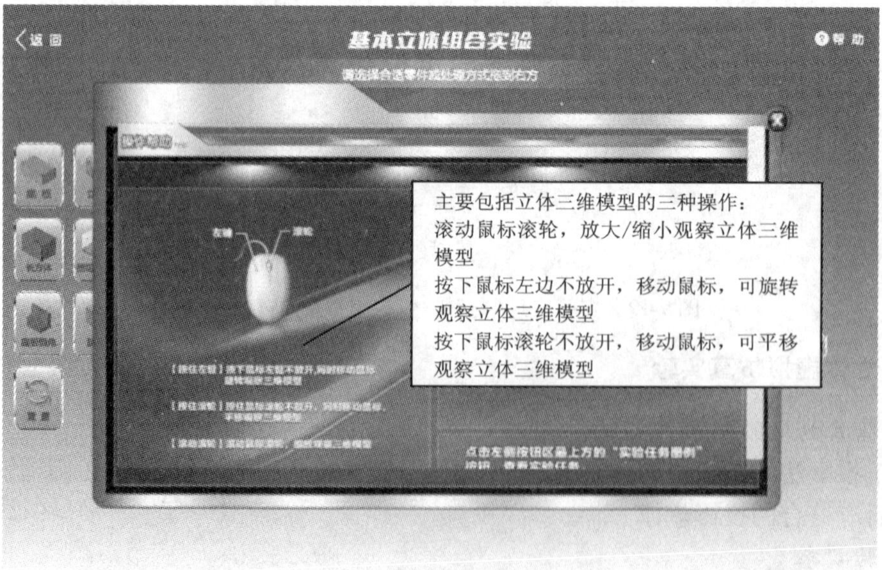
基本立体组合实验
主要包括立体三维模型的三种操作:
滚动鼠标滚轮,放大/缩小观察立体三维模型
按下鼠标左边不放开,移动鼠标,可旋转观察立体三维模型
按下鼠标滚轮不放开,移动鼠标,可平移观察立体三维模型

图9-21 操作帮助界面

(2)搭建平面立体三维模型

从左侧按钮区选择合适的单元模块按钮,将其拖动到右侧的三投影面空间中,搭建立体三维模型。如果拖动的按钮不符合正确搭建顺序,系统会出现“不正确的搭建方式”的错误提示,如图9-22所示。

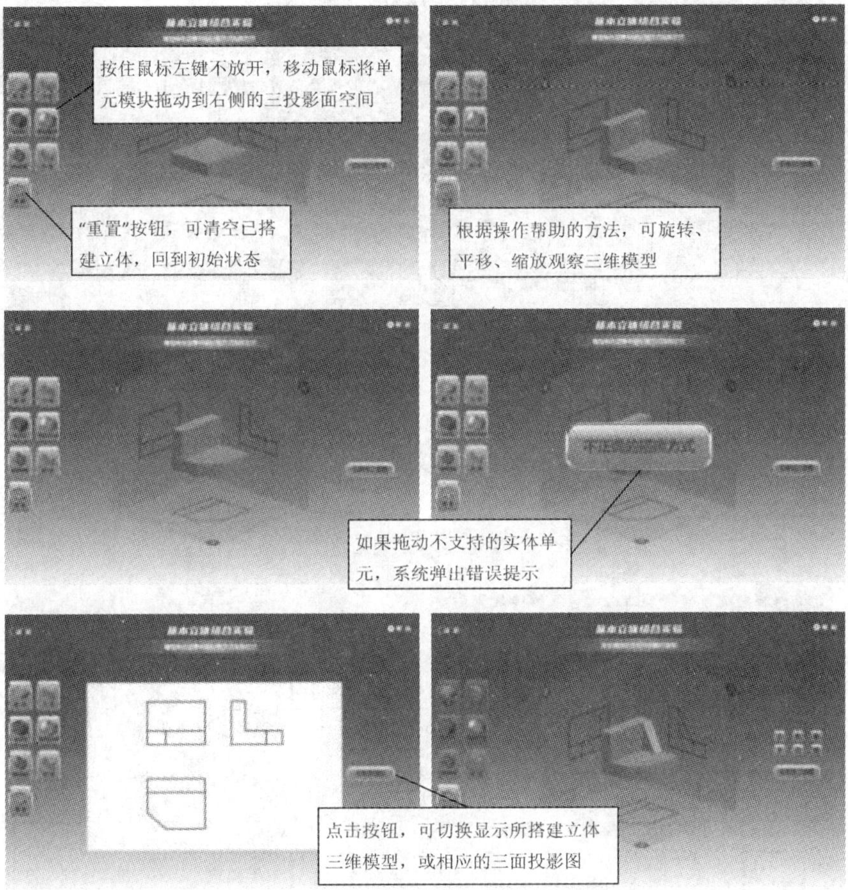
按住鼠标左键不放开，移动鼠标将单元模块拖动到右侧的三投影面空间
“重置”按钮，可清空已搭建立体，回到初始状态
根据操作帮助的方法，可旋转、平移、缩放观察三维模型
如果拖动不支持的实体单元，系统弹出错误提示
点击按钮，可切换显示所搭建立体三维模型，或相应的三面投影图

图9-22　基本立体实验:搭建立体

(3)改变立体三维模型的空间姿态

正确搭建完立体三维模型后,画面右侧会出现六个新按钮,点击按钮可改变所搭建的立体在三投影面体系中的姿态,观察并熟悉立体在投影空间中的不同姿态及三个投影的相应变化,如图9-23所示。

(4)选择正确的三面投影图

点击改变姿态按钮后,右侧出现“进入答题”按钮,点击后出现三面投影图选择界面。根据所搭建立体最后的空间姿态,选择相应的三面投影图,并点击“提交”按钮,即可上传实验结果并自动评分,如图9-24所示。

(5)查看实验评分结果和提交实验报告

图9-25所示的工程图学虚拟仿真实验报告显示在实验窗口的下方区域中。

为查看所做虚拟仿真实验模块的评分结果,点击实验报告区域的右上角按钮“点此处更

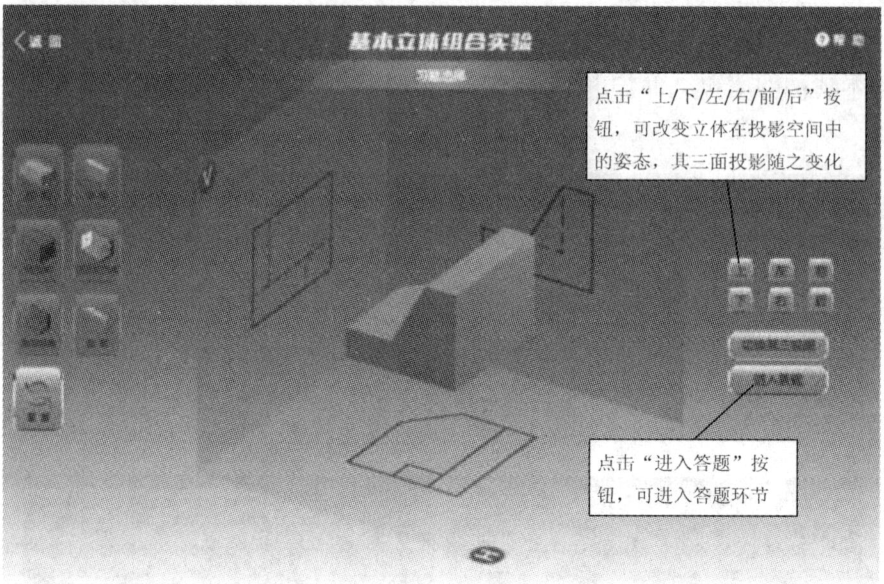
基本立体组合实验
点击“上/下/左/右/前/后”按钮，可改变立体在投影空间中的姿态，其三面投影随之变化
点击“进入答题”按钮，可进入答题环节

图 9-23　基本立体实验:改变立体姿态

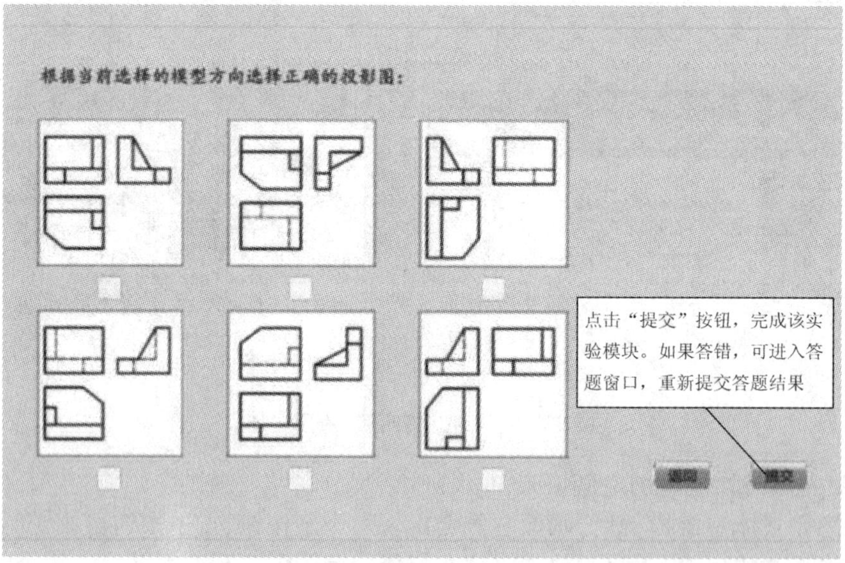
根据当前选择的模型方向选择正确的投影图:
点击“提交”按钮，完成该实验模块。如果答错，可进入答题窗口，重新提交答题结果

图 9-24　基本立体实验答题:选择正确三视图

新实验报告”,将当次所作实验模块的评分结果存入实验报告,即每当提交一次实验模块的答题结果,随时点击“更新实验报告”按钮,保存评分结果。特别注意:每次做完实验并退出实验网页前,务必点击该按钮,以便将实验评分结果存入实验报告。如果直接退出,则会丢失当次实验成绩。

做完班级布置的所有实验任务后,应点击实验报告区域的最下方的“提交”按钮,将把实验报告和实验成绩提交给教师。如果重新做实验并答题,则需再次点击该按钮,以便教师端收

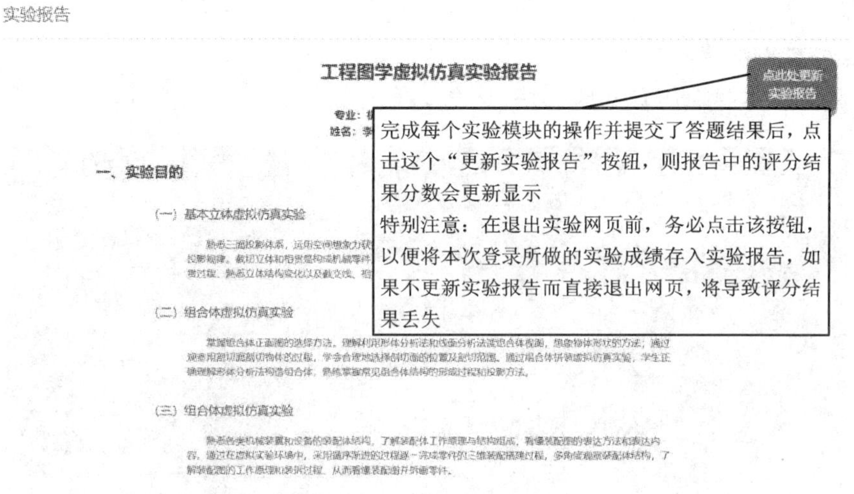
实验报告
工程图学虚拟仿真实验报告
点此处更新实验报告
完成每个实验模块的操作并提交了答题结果后，点击这个“更新实验报告”按钮，则报告中的评分结果分数会更新显示
特别注意：在退出实验网页前，务必点击该按钮，以便将本次登录所做的实验成绩存入实验报告，如果不更新实验报告而直接退出网页，将导致评分结果丢失
一、实验目的
（一）基本立体虚拟仿真实验
（二）组合体虚拟仿真实验
（三）组合体虚拟仿真实验

（a）

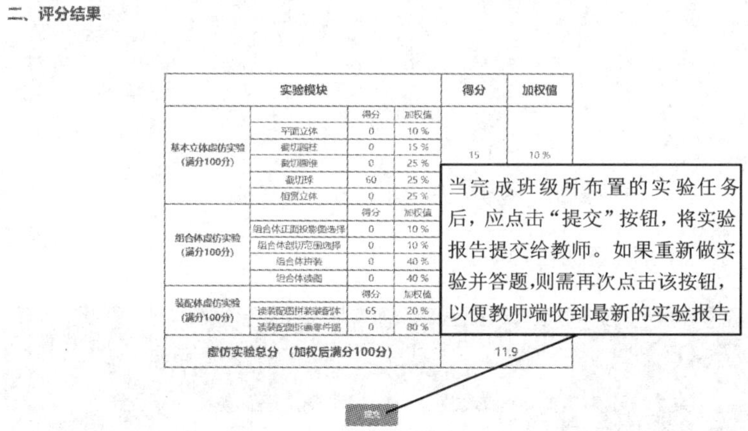
二、评分结果
实验模块
得分
加权值
基本立体虚仿实验（满分100分）
组合体虚仿实验（满分100分）
装配体虚仿实验（满分100分）
虚仿实验总分（加权后满分100分）
11.9
当完成班级所布置的实验任务后，应点击“提交”按钮，将实验报告提交给教师。如果重新做实验并答题，则需再次点击该按钮，以便教师端收到最新的实验报告

（b）

图 9-25 更新和提交实验报告

（a）实验报告：实验目的 （b）实验报告：评分结果

到最新的实验报告。

2.2 截切立体虚拟仿真实验

2.2.1 实验目的

熟悉常见的圆柱、圆锥、球等基本立体经截切变化而形成的多种不同结构，以及截切立体三面投影的变化；改变各种位置平面及不同组合形式的截切平面，熟练分析截交线的三面投影。

2.2.2 实验要求

选择不同基本立体和不同组合形式的截切平面，搭建截切立体三维虚拟模型，观察和熟悉不同截切立体的截交线和三面投影的变化，根据观察窗中的不同截切立体，选择正确的三面投影图。

2.2.3 实验内容及步骤

①进入截切立体虚拟仿真实验模块(图9-26)。

基本立体组合实验
点击“返回”按钮，回到实验模块选择界面
“帮助”按钮
实验操作提示
选择待截切基本立体

图9-26　截切立体虚拟仿真实验界面

②选择待截切的基本立体(图9-27)。

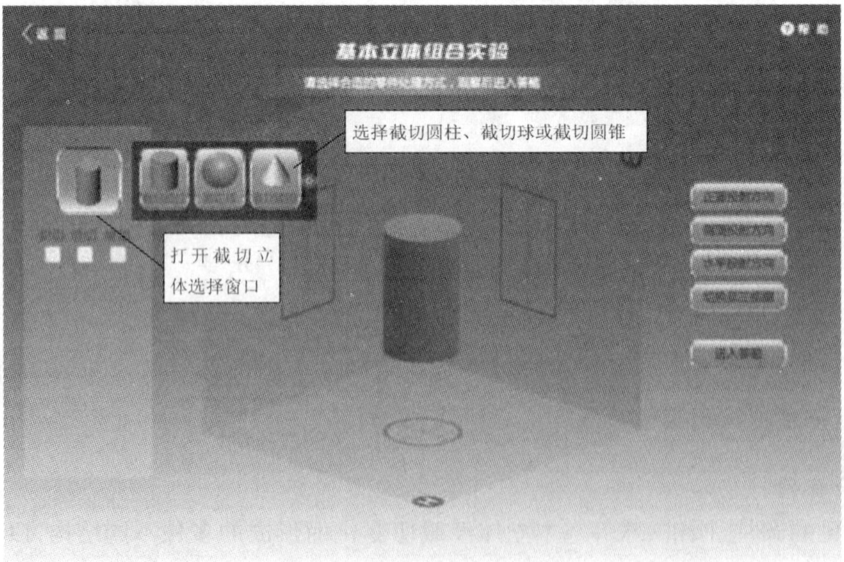
基本立体组合实验
选择截切圆柱、截切球或截切圆锥
打开截切立体选择窗口

图9-27　截切立体实验:选择立体

③选择不同的截切平面，观察和熟悉截切立体的截交线和三面投影变化(图9-28)。

④选择截切立体正确的三面投影图(图9-29)。

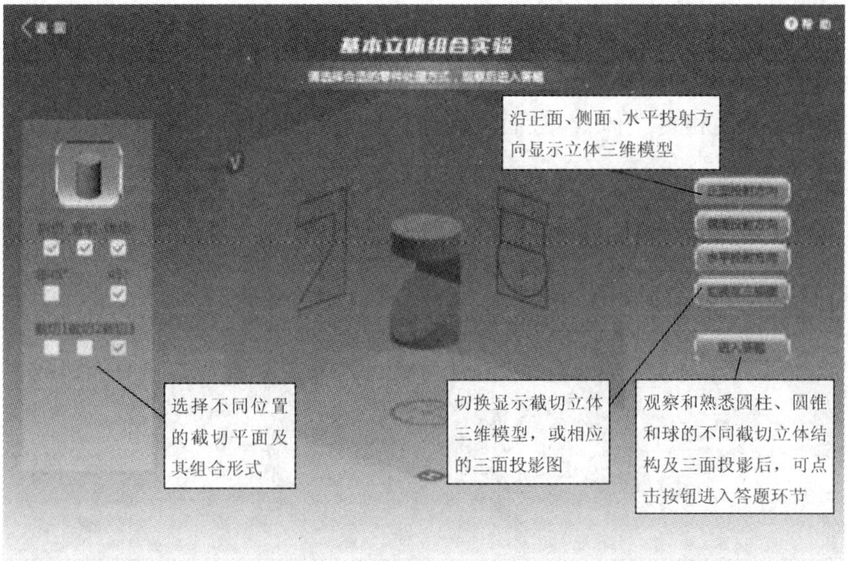
基本立体组合实验
沿正面、侧面、水平投射方向显示立体三维模型
选择不同位置的截切平面及其组合形式
切换显示截切立体三维模型，或相应的三面投影图
观察和熟悉圆柱、圆锥和球的不同截切立体结构及三面投影后，可点击按钮进入答题环节

图 9-28 截切立体实验:选择剖切面

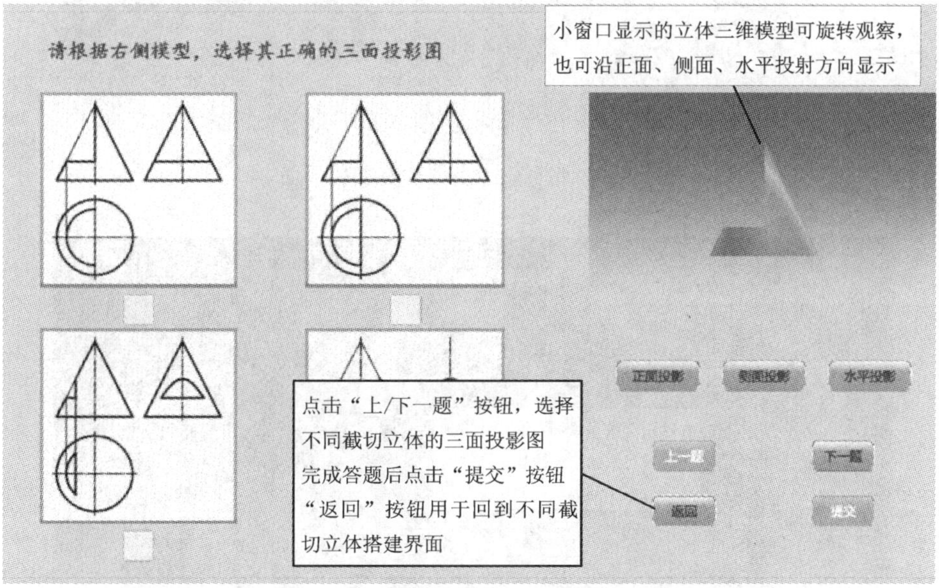
请根据右侧模型，选择其正确的三面投影图
小窗口显示的立体三维模型可旋转观察，也可沿正面、侧面、水平投射方向显示
正面投影
侧面投影
水平投影
上一题
下一题
返回
提交
点击“上/下一题”按钮，选择不同截切立体的三面投影图
完成答题后点击“提交”按钮
“返回”按钮用于回到不同截切立体搭建界面

图 9-29 截切立体实验答题:选择正确三面投影图

⑤参考本章 2.1.3 节(5)的操作方式,查看实验评分结果和提交实验报告。

2.3 相贯立体虚拟仿真实验

2.3.1 实验目的

熟悉空心圆柱上常见挖切孔结构,以及当孔形状和大小变化时相贯线形状和三面投影的变化,熟练掌握常见孔的相贯线投影规律及作图方法。

2.3.2 实验要求

已知轴线为铅垂线的空心圆柱,选择前方相贯通孔的形状,搭建相贯立体虚拟模型;改变孔的大小,观察立体相贯结构及其三面投影的变化。在已知圆柱的后方构建另一相贯孔。根据观察小窗口中的不同相贯立体,在三面投影窗口选择正确的三面投影图。

2.3.3 实验内容及步骤

①进入相贯立体虚拟仿真实验模块(图9-30)。

点击"返回"按钮,回到实验模块选择界面
基本立体组合实验
"帮助"按钮
实验操作提示

图9-30 相贯立体虚拟仿真实验界面

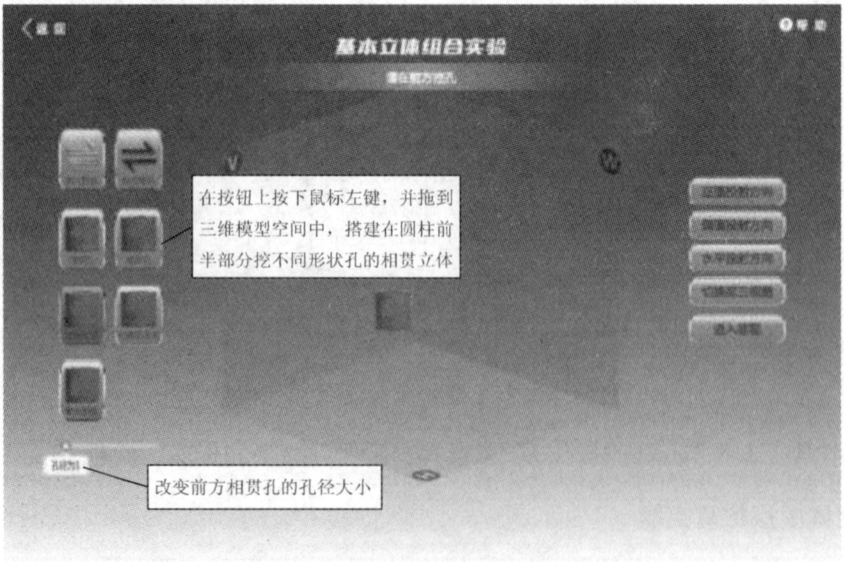
基本立体组合实验
在按钮上按下鼠标左键,并拖到三维模型空间中,搭建在圆柱前半部分挖不同形状孔的相贯立体
改变前方相贯孔的孔径大小

图9-31 相贯立体实验:选择圆柱前方相贯孔

②选择不同形状和直径的孔与前半柱面相贯，搭建空心圆柱相贯立体（图 9-31）。前方相贯孔的形状共五种，如图 9-32 所示。

图 9-32　前方相贯孔的五种形状

③选择不同形状的孔与后半柱面相贯（图 9-33）。

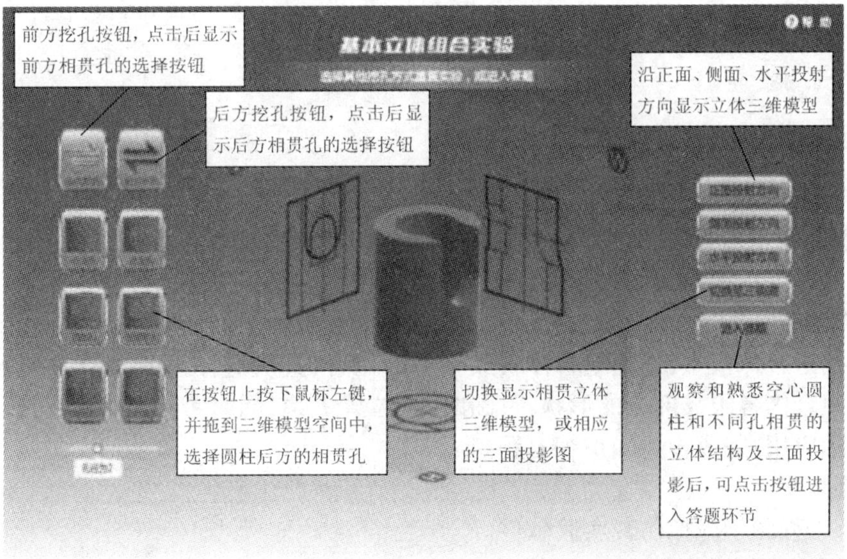
前方挖孔按钮，点击后显示前方相贯孔的选择按钮
基本立体组合实验
后方挖孔按钮，点击后显示后方相贯孔的选择按钮
沿正面、侧面、水平投射方向显示立体三维模型
在按钮上按下鼠标左键，并拖到三维模型空间中，选择圆柱后方的相贯孔
切换显示相贯立体三维模型，或相应的三面投影图
观察和熟悉空心圆柱和不同孔相贯的立体结构及三面投影后，可点击按钮进入答题环节

图 9-33　相贯立体实验：选择圆柱后方相贯孔

④选择相贯立体正确的三面投影图（图 9-34）。

⑤参考本章 2.1.3 节（5）的操作方式，查看实验评分结果和提交实验报告。

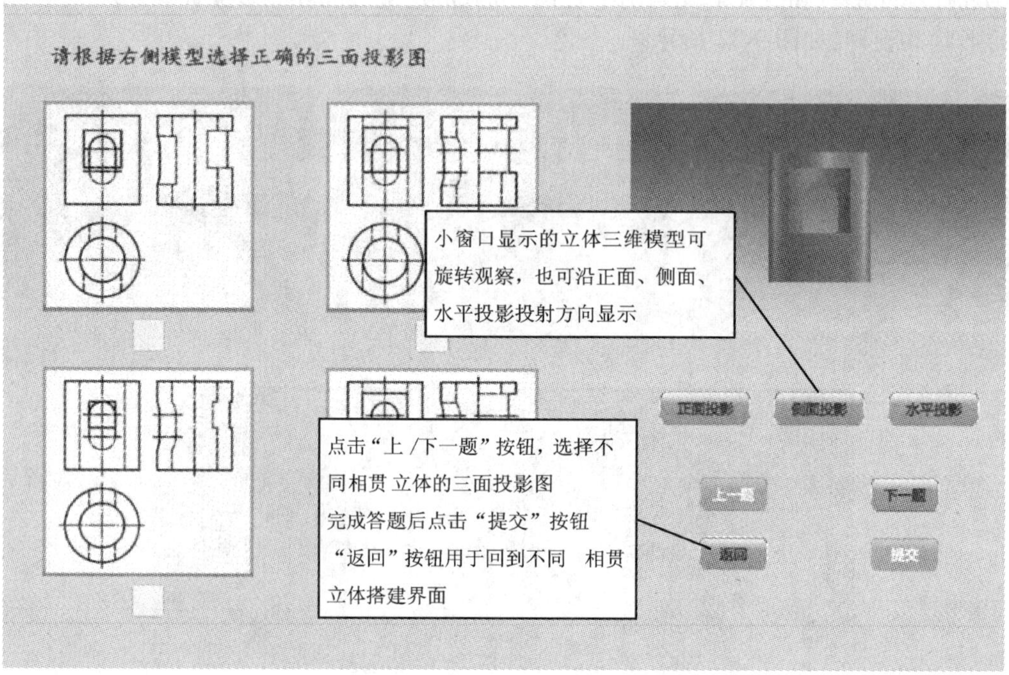
请根据右侧模型选择正确的三面投影图
小窗口显示的立体三维模型可旋转观察，也可沿正面、侧面、水平投影投射方向显示
正面投影
侧面投影
水平投影
点击“上 /下一题”按钮，选择不同相贯 立体的三面投影图
完成答题后点击“提交”按钮
“返回”按钮用于回到不同 相贯立体搭建界面
上一题
下一题
返回
提交

图 9-34 相贯立体实验答题:选择正确三面投影图

3 组合体虚拟仿真实验

3.1 组合体正面投影图选择虚拟仿真实验

3.1.1 实验目的

通过“组合体正面投影图选择”虚拟仿真实验,读者能够理解正面投影图是三面投影图的主要投影图。选择正面投影图时应考虑组合体的安放位置和正面投射方向。

3.1.2 实验要求

首先根据组合体模型,选择组合体安放平稳的位置;其次选择正面投射方向,使正面投影图最能反映组合体各组成部分的形状特征和相互位置关系,同时考虑到其他投影图虚线较少和图幅的合理应用;完成相关知识练习题。

3.1.3 实验工具

计算机、工程图学虚拟仿真实验软件。

3.1.4 实验内容及步骤

(1)进入“组合体正面投影图选择实验”模块

①在图 9-10 所示的实验模块中点击“正面投影图选择实验”按钮,进入实验。

②在图 9-35 所示的实验任务界面中查看实验任务,点击“确定”按钮,关闭该窗口。

③“组合体投影图中物体安放位置选择”实验步骤如下。

i. 通过如图 9-36 所示界面左侧按钮图标,选择实验用的组合体模型。

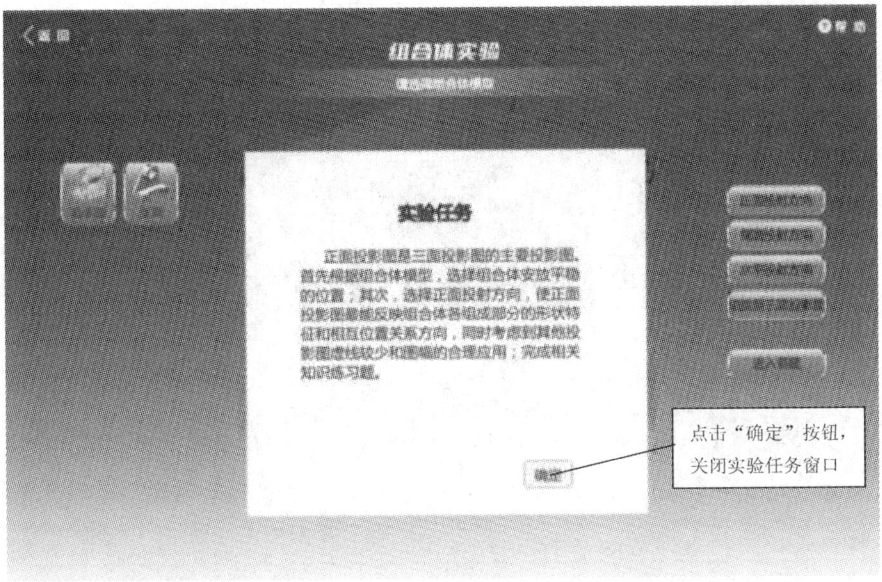
返回
帮助
组合体实验
实验任务
正面投影图是三面投影图的主要投影图。首先根据组合体模型，选择组合体安放平稳的位置；其次，选择正面投射方向，使正面投影图最能反映组合体各组成部分的形状特征和相互位置关系方向，同时考虑到其他投影图虚线较少和图幅的合理应用；完成相关知识练习题。
确定
点击“确定”按钮，
关闭实验任务窗口

图 9-35 组合体正面投影图选择实验:任务界面

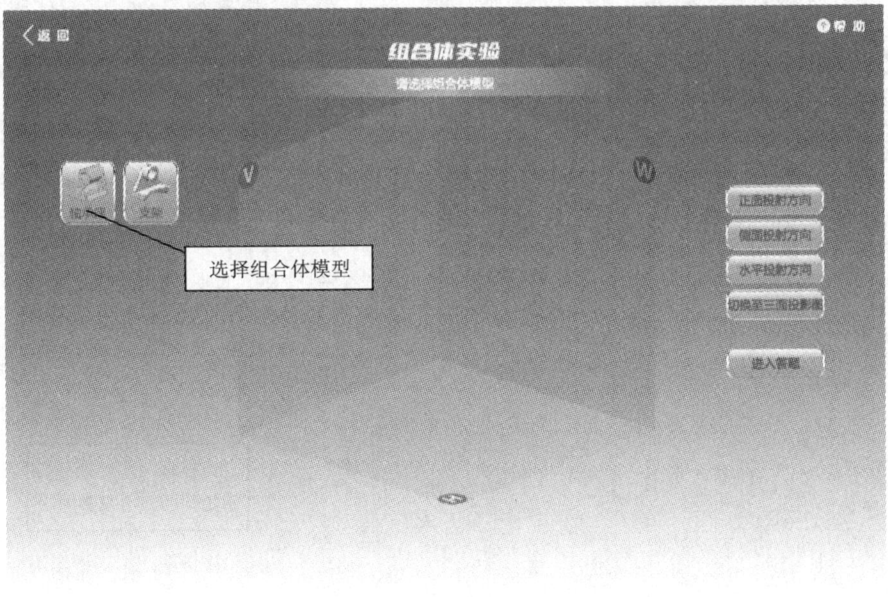
返回
帮助
组合体实验
V
W
选择组合体模型

图 9-36 组合体正面投影图选择实验:选择模型界面

ii. 通过界面左侧按钮图标,选择底板不同的安放位置,将其拖到三投影面体系中,观察组合体中底板不同的安放位置所对应的三面投影图,如图 9-37、图 9-38、图 9-39 所示。

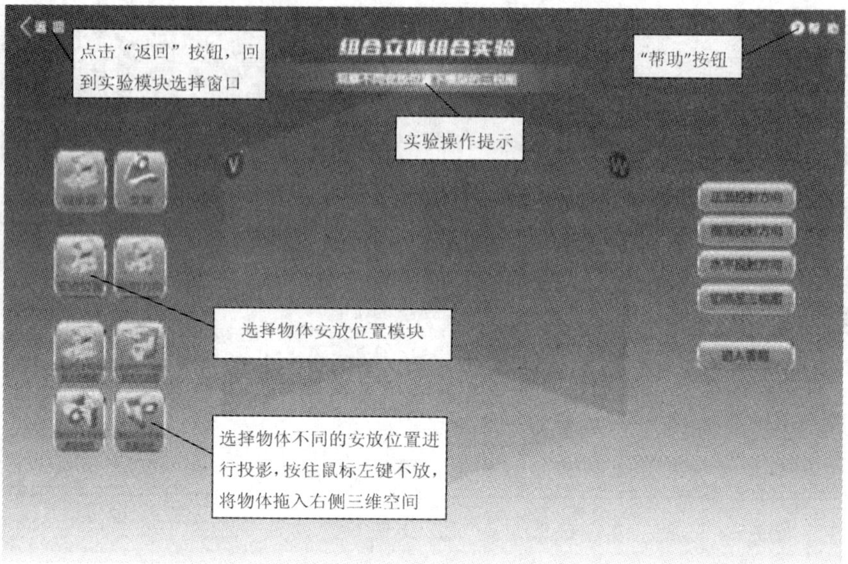
点击“返回”按钮，回到实验模块选择窗口
组合立体组合实验
“帮助”按钮
实验操作提示
选择物体安放位置模块
选择物体不同的安放位置进行投影，按住鼠标左键不放，将物体拖入右侧三维空间

图 9-37　选择物体的安放位置界面 1

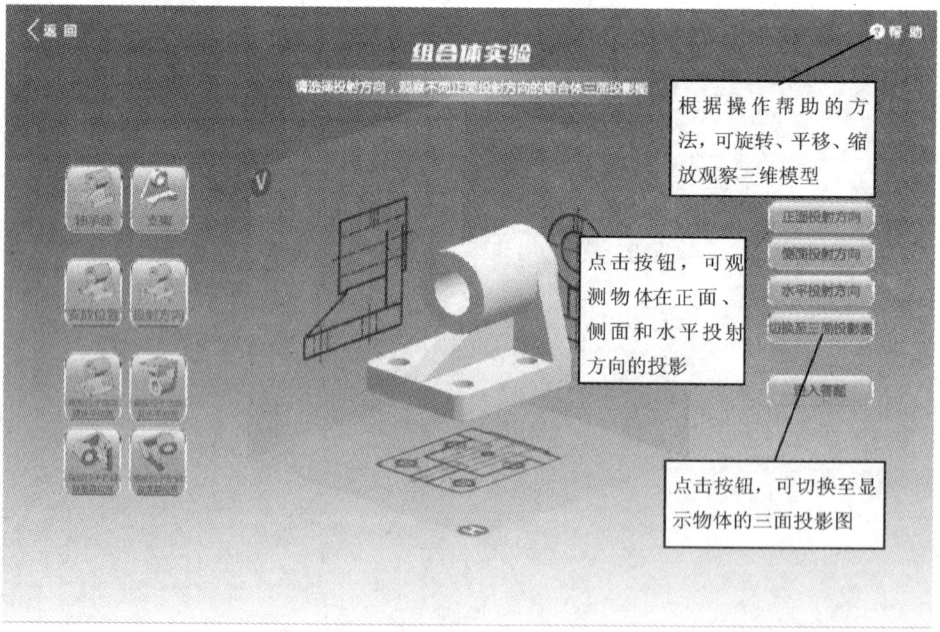
返回
组合体实验
帮助
根据操作帮助的方法，可旋转、平移、缩放观察三维模型
点击按钮，可观测物体在正面、侧面和水平投射方向的投影
点击按钮，可切换至显示物体的三面投影图

图 9-38　选择物体的安放位置界面 2

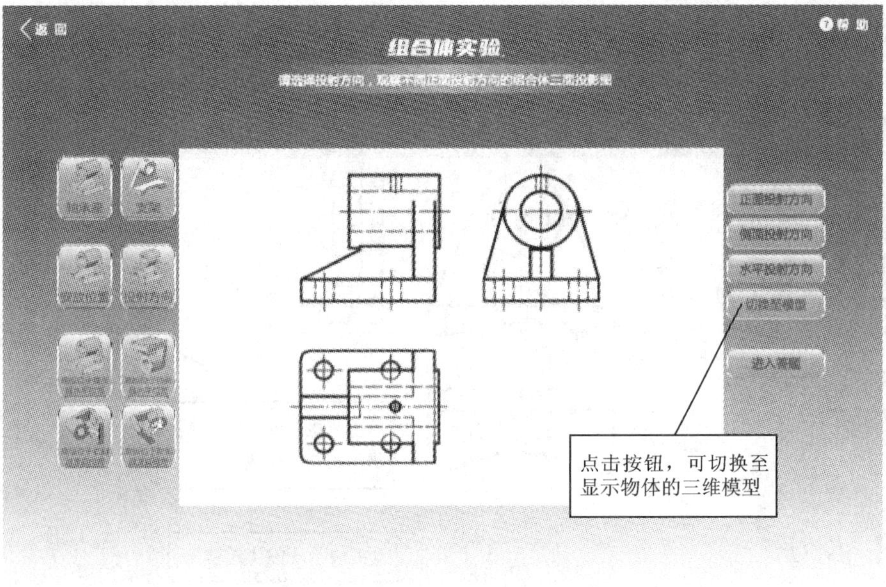
返回
帮助
组合体实验
正面投射方向
侧面投射方向
水平投射方向
切换至模型
进入答题
点击按钮，可切换至
显示物体的三维模型

图 9-39　选择物体的安放位置界面 3

④“组合体正面投射方向选择”实验步骤如下。

i. 通过如图 9-40 所示界面左侧按钮图标，选择不同的正面投射方向，将其拖到三投影面体系中，观察其三面投影图。

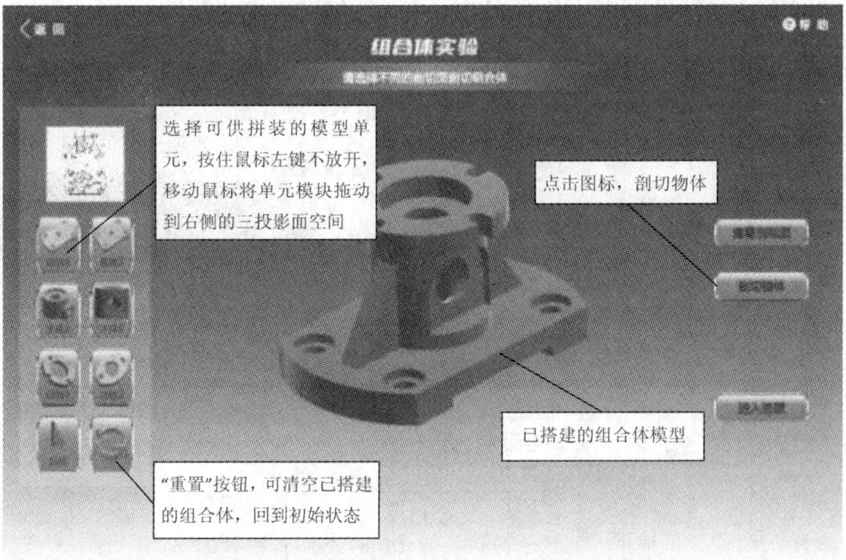
返回
帮助
组合体实验
选择可供拼装的模型单
元，按住鼠标左键不放开，
移动鼠标将单元模块拖动
到右侧的三投影面空间
点击图标，剖切物体
已搭建的组合体模型
“重置”按钮，可清空已搭建
的组合体，回到初始状态

图 9-40　选择正面投射方向界面 1

ii. 在图 9-40 中，按住鼠标中键，观察模型；上下滑动鼠标中键，放大或缩小模型；点击界面右侧“切换至三面投影图”，观察组合体的三面投影图，如图 9-41 所示；点击界面右侧“切换至模型”，返回显示三维模型。

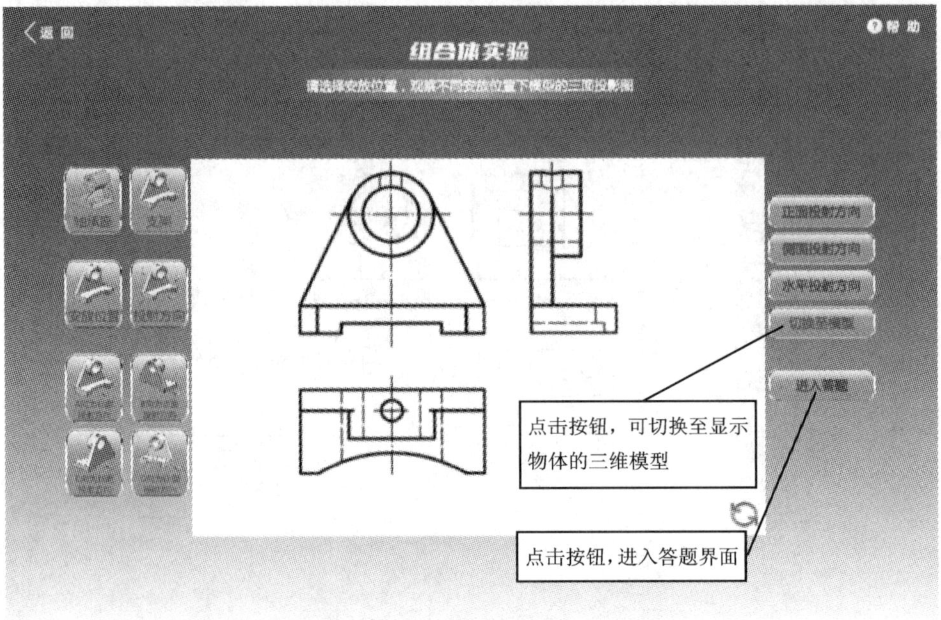
返回
帮助
组合体实验
轴承座
支架
安放位置
投射方向
正面投射方向
侧面投射方向
水平投射方向
切换至模型
进入答题
点击按钮，可切换至显示物体的三维模型
点击按钮，进入答题界面

图 9-41　选择正面投射方向界面 2

⑤“组合体正面投影图选择”练习题。

i. 点击如图 9-41 所示界面右侧“进入答题”按钮，进入答题界面。

ii. 根据模型选择三面投影图中物体的安放位置，如图 9-42 所示。

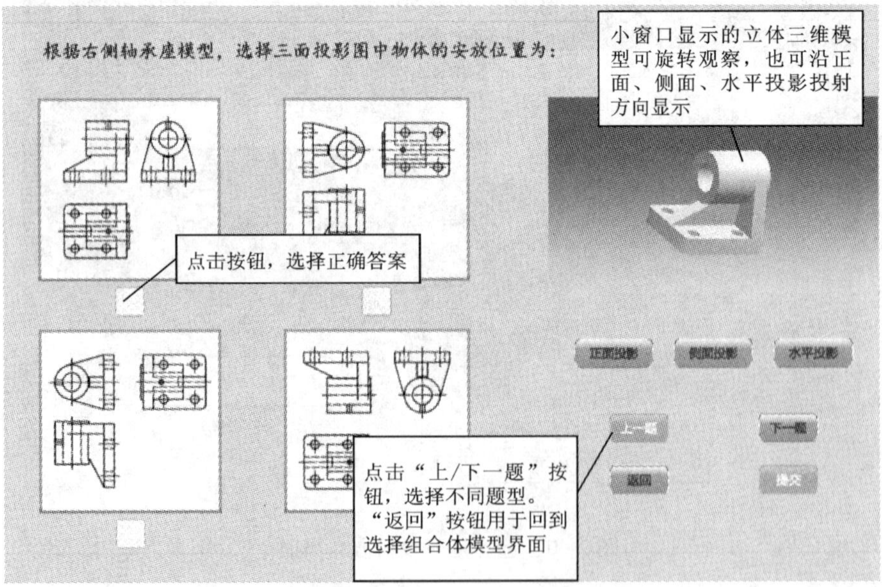
根据右侧轴承座模型，选择三面投影图中物体的安放位置为：
小窗口显示的立体三维模型可旋转观察，也可沿正面、侧面、水平投影投射方向显示
点击按钮，选择正确答案
正面投影
侧面投影
水平投影
上一题
下一题
返回
提交
点击“上/下一题”按钮，选择不同题型。
“返回”按钮用于回到选择组合体模型界面

图 9-42　物体的安放位置答题界面

iii. 根据模型选择合理的正面投射方向，如图 9-43 所示。

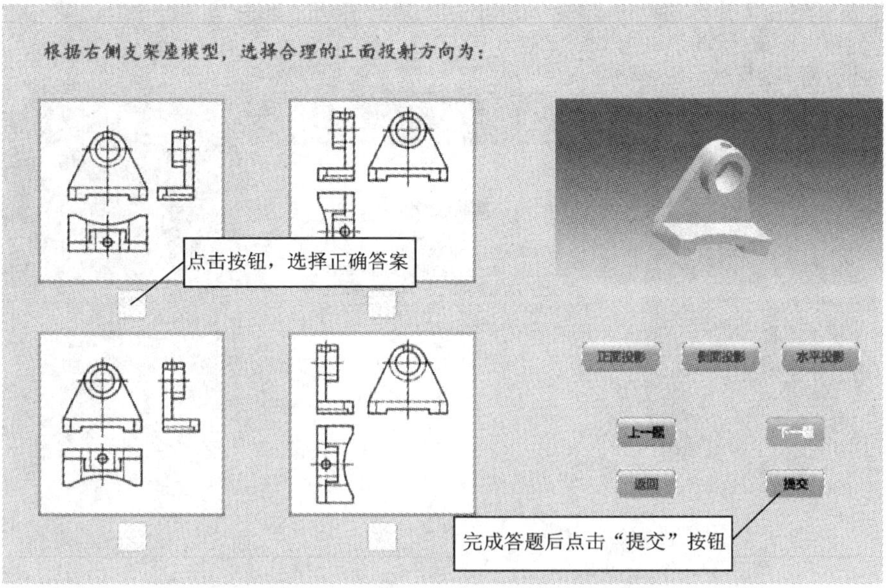
根据右侧支架虚模型，选择合理的正面投射方向为：
点击按钮，选择正确答案
提交
完成答题后点击“提交”按钮

图9-43　组合体正面投射方向答题界面

iv. 答题后点击图9-43所示界面右侧“提交”按钮，保存实验结果。

v. 参考本章2.1.3节(5)的操作方式，查看实验评分结果和提交实验报告。

3.2　组合体图样画法虚拟仿真实验

3.1.1　实验目的

视图主要表达物体的外部结构形状，为了完整清晰地表达物体的内部结构，可采用剖视图和断面图的画法。通过“组合体图样画法”虚拟仿真实验，读者能够理解视图和各种剖视图的应用及画法。

3.1.2　实验要求

根据物体的结构形状，选择主视、俯视和左视方向的视图或剖视图等各种表达方式。通过观察全剖视图、半剖视图和局部剖视图等剖切方式，确定较优的图样画法。完成有关物体图样画法选择的练习题。

3.1.3　实验工具

计算机、工程图学虚拟仿真实验软件。

3.1.4　实验内容及步骤

(1)进入“组合体图样画法实验”模块

①在图9-10所示的实验模块中点击“组合体图样画法实验”按钮，进入实验。

②在图9-44所示的实验任务界面中查看实验任务，点击“确定”按钮，关闭该界面。

(2)“组合体图样画法”实验步骤

①通过如图9-45所示界面左侧按钮图标，选择实验用的组合体模型。

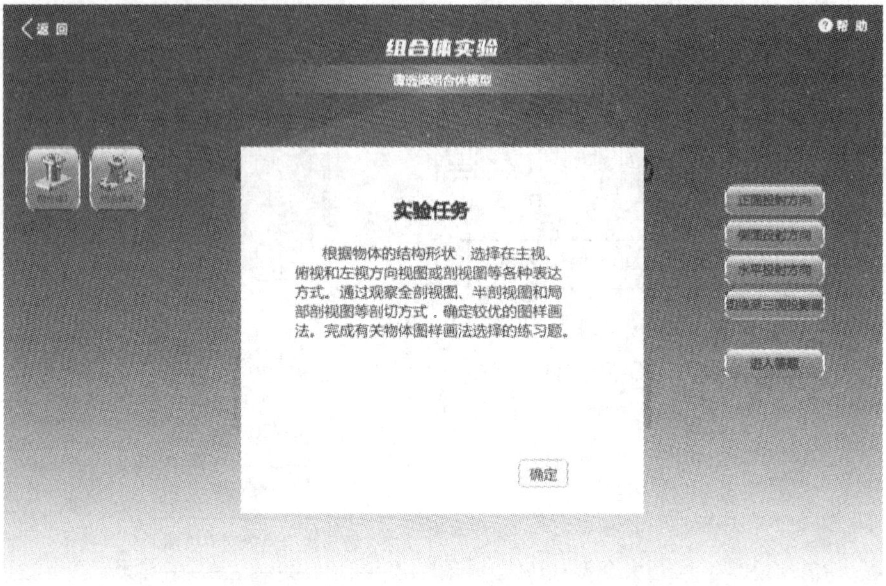
返回
帮助
组合体实验
实验任务
根据物体的结构形状，选择在主视、俯视和左视方向视图或剖视图等各种表达方式。通过观察全剖视图、半剖视图和局部剖视图等剖切方式，确定较优的图样画法。完成有关物体图样画法选择的练习题。
水平投射方向
确定

图 9-44　组合体图样画法实验:任务界面

返回
帮助
组合体实验
选择组合体模型
进入答题

图 9-45　组合体图样画法实验:选择模型界面

②如图 9-46 所示,依次点击界面左侧“主视图”“俯视图”和“左视图”等按钮,分别进入主、俯、左视图的图样画法各模块。

③如图 9-47 所示,点击界面左侧“主视图”按钮,再分别选择“全剖视图”“半剖视图”“局部剖视图”和“小孔局部剖视”等按钮,将其拖到三投影面体系中,观察主视方向物体用不同的剖切方法所获得的相应剖视图画法。依次点击“俯视图”和“左视图”按钮图标,可观察物体在“俯视”和“左视”用不同的剖切方法所获得的相应图样画法。

返回
帮助
组合体实验
选择各视图

图9-46　组合体图样画法实验:选择各视图界面

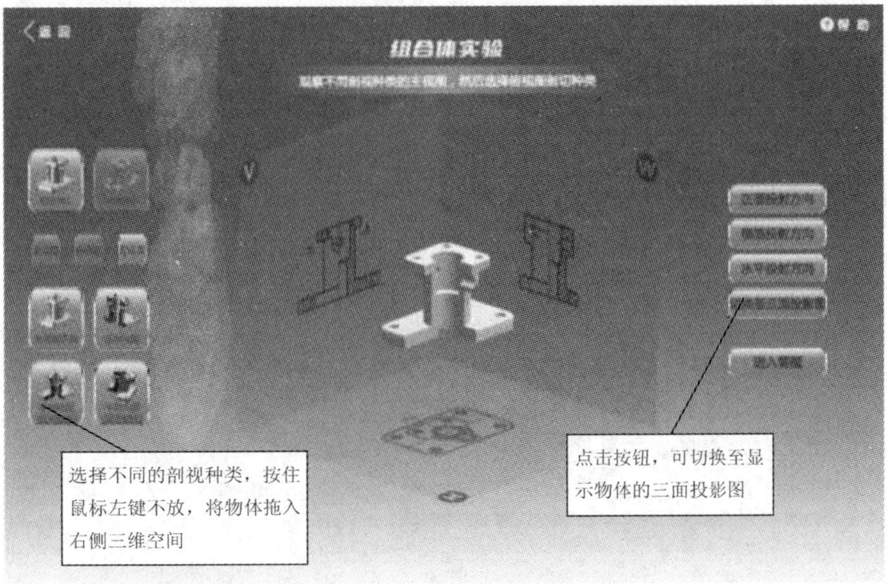
返回
帮助
组合体实验
选择不同的剖视种类，按住鼠标左键不放，将物体拖入右侧三维空间
点击按钮，可切换至显示物体的三面投影图

图9-47　组合体图样画法实验界面1

④在图9-47中,按住鼠标中键,观察模型;上下滑动鼠标中键,放大或缩小模型;点击界面右侧“切换至三面投影图”,观察组合体的三视图,如图9-48所示。点击界面右侧“切换至模型”,返回三维模型状态。

(3)“组合体图样画法”练习题

①点击如图9-48所示界面右侧“进入答题”按钮,进入“组合体图样画法实验”答题界面。

②根据模型,选择物体主视图的图样画法,如图9-49所示。

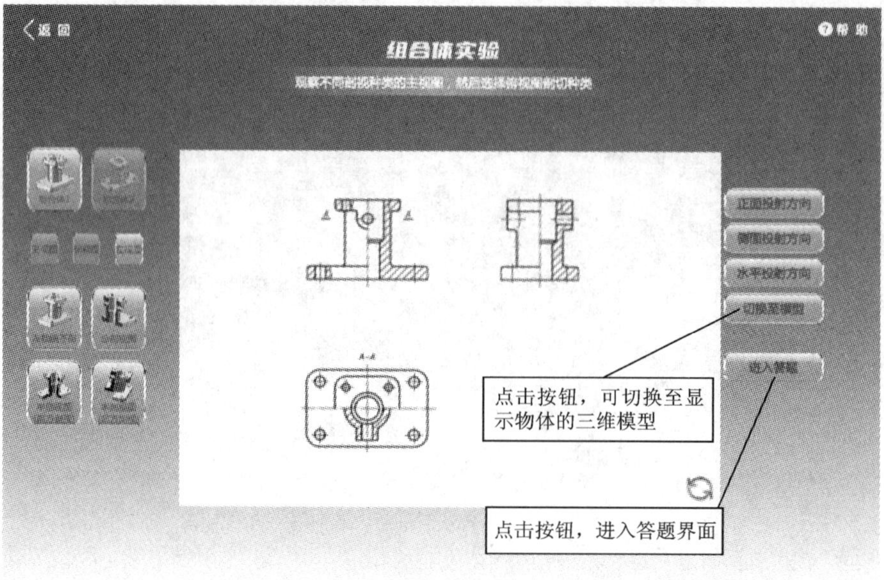

图 9-48　组合体图样画法实验界面 2

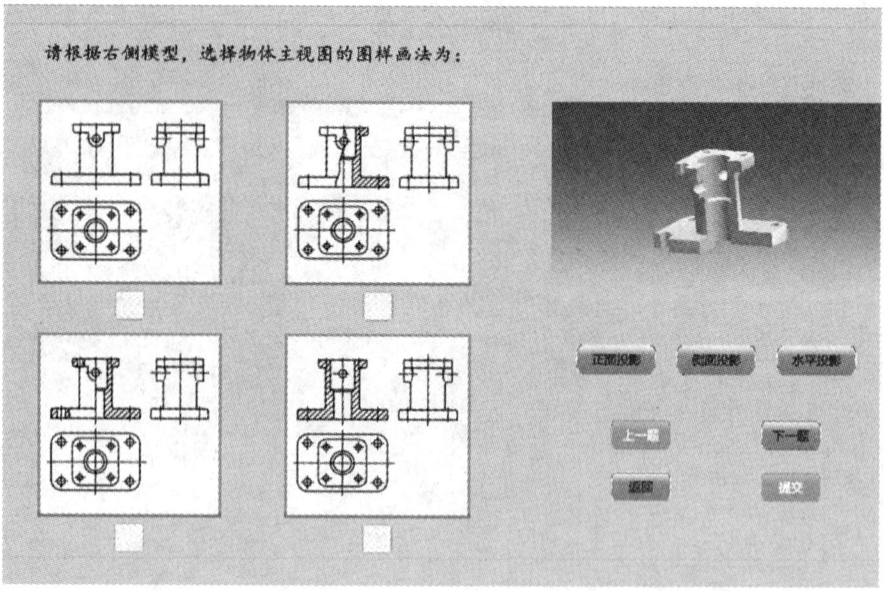

图 9-49　选择物体主视图的图样画法答题界面

③根据模型,选择物体俯视图的图样画法,图 9-50 所示。

④根据模型,选择物体左视图的图样画法,图 9-51 所示。

⑤答题后点击图 9-51 所示界面右侧“提交”按钮,将实验结果保存。

⑥参考本章 2. 1. 3 节(5)的操作方式,查看实验评分结果和提交实验报告。

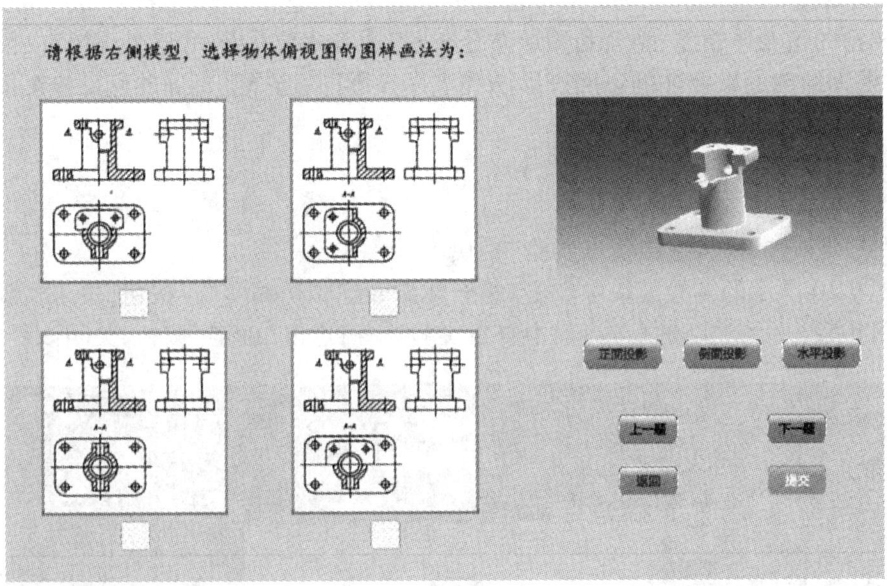

图 9-50　选择物体俯视图的图样画法答题界面

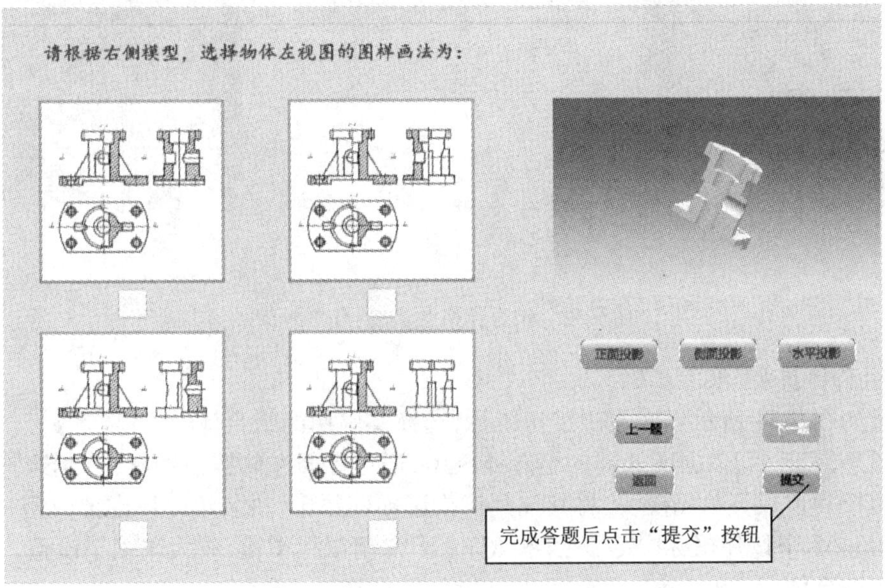

图 9-51　选择物体左视图的图样画法答题界面

3.3　组合体拼装虚拟仿真实验

3.3.1　实验目的

通过“组合体拼装”虚拟仿真实验，读者能够正确理解形体分析法构造组合体，熟练掌握常见组合体结构的形成过程和投影方法。

3.3.2　实验要求

根据选择的组合体模型，学会利用形体分析法，由基本立体单元模型，拼装成指定的组合体模型；并根据给出的组合体的正面投影图和水平投影图，选择其正确的侧面投影图。

3.3.3　实验工具

计算机、工程图学虚拟仿真实验软件。

3.3.4　实验内容及步骤

(1)进入“组合体拼装虚拟仿真实验”模块

①在图9-10所示的实验模块中点击“组合体拼装虚拟仿真实验”按钮，进入实验。

②在图9-52所示的实验任务界面中查看实验任务，点击“确定”按钮，关闭该界面。

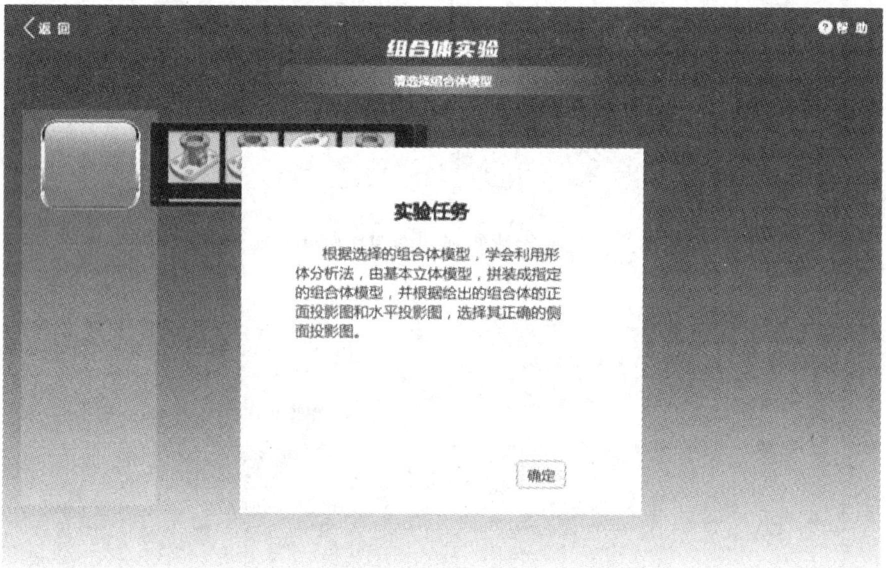
返回
帮助
组合体实验
请选择组合体模型
实验任务
根据选择的组合体模型，学会利用形体分析法，由基本立体模型，拼装成指定的组合体模型，并根据给出的组合体的正面投影图和水平投影图，选择其正确的侧面投影图。
确定

图9-52　组合体拼装实验：任务界面

(2)“组合体拼装”实验步骤

①通过如图9-53所示界面左侧按钮图标，选择实验用的组合体模型。

②如图9-54所示，依据所选择的组合体模型，通过界面左侧按钮图标，分别选择正确的底板、圆柱、肋板和顶板等单元模块，将其拖到三投影面体系中，拼装组合体虚拟模型。

③在图9-55中按住鼠标中键，观察模型；上下滑动鼠标中键，放大或缩小模型。

④剖切组合体。

i. 点击如图9-55所示界面右侧“剖切物体”按钮，剖切模型。

ii. 在搭建的三维组合体模型上，分别用正平面、侧平面和水平面的假想剖切面剖切物体。拖动标记，平移剖切面的位置，观察剖切面在不同位置剖切时物体的内部结构，如图9-56所示。

(3)“组合体拼装实验”练习题

①点击如图9-56所示界面右侧“进入答题”按钮，进入答题界面。

②根据组合体已知的正面投影图和水平投影图，选择其正确的侧面投影图，如图9-57所

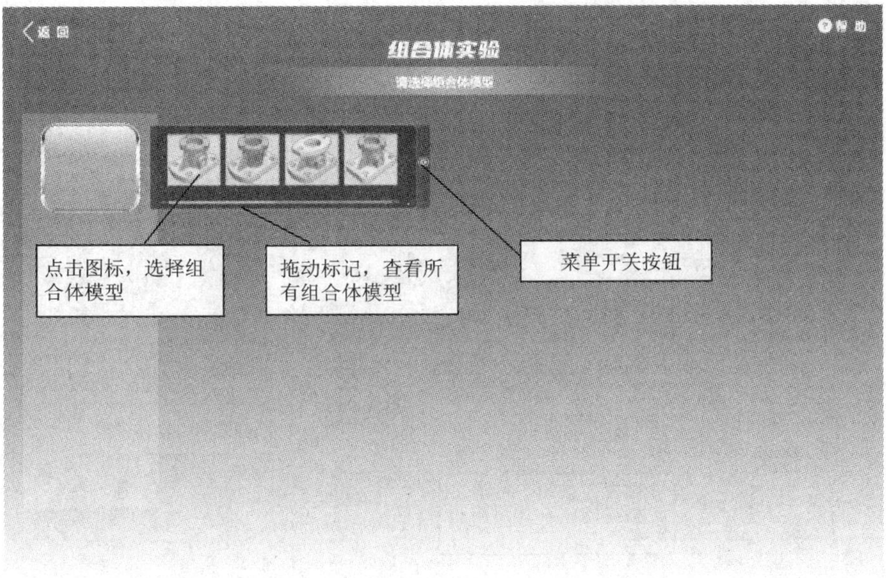
返回
组合体实验
帮助
点击图标，选择组合体模型
拖动标记，查看所有组合体模型
菜单开关按钮

图 9-53　组合体拼装实验:模型选取界面

返回
组合体实验
帮助
选择可供拼装的模型单元，按住鼠标左键不放开，移动鼠标将单元模块拖动到右侧的三投影面空间

图 9-54　组合体拼装实验界面 1

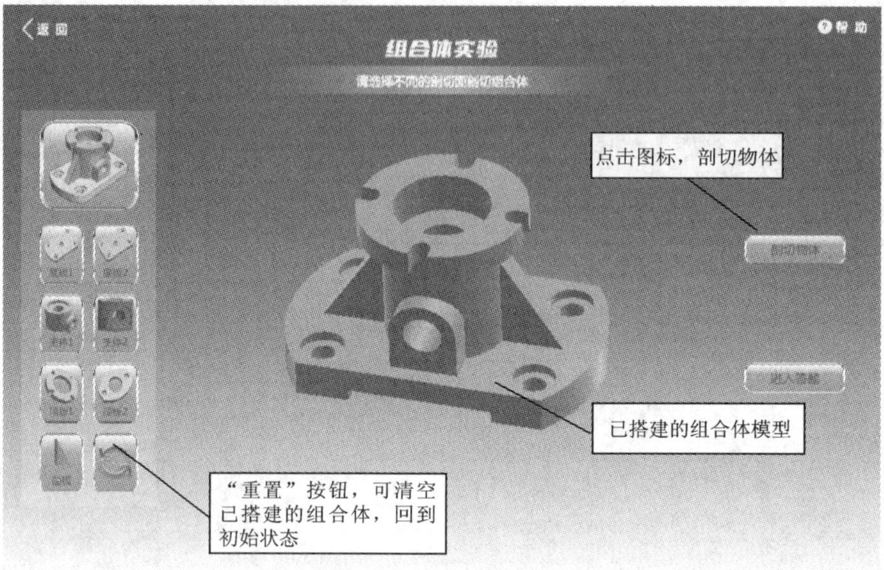
返回
帮助
组合体实验
点击图标，剖切物体
已搭建的组合体模型
“重置”按钮，可清空已搭建的组合体，回到初始状态

图 9-55　组合体拼装实验界面 2

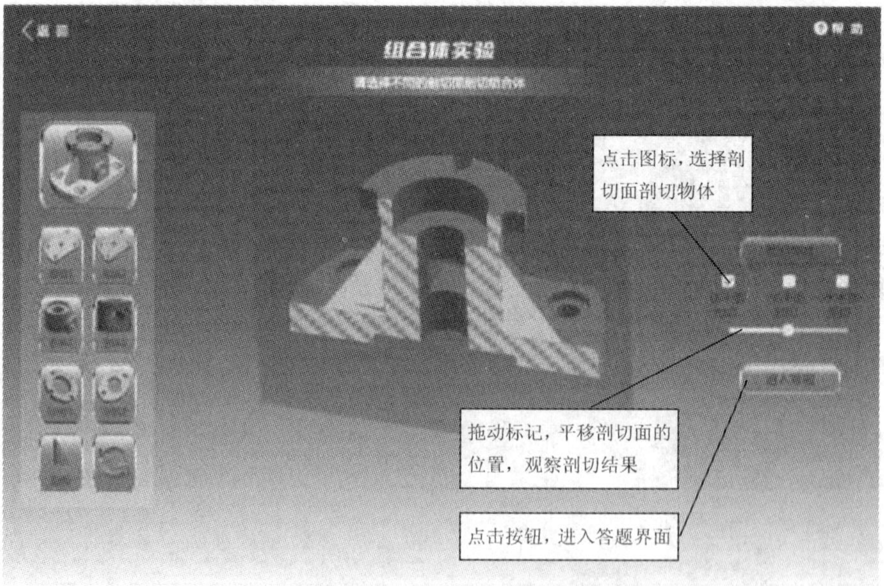
组合体实验
点击图标，选择剖切面剖切物体
拖动标记，平移剖切面的位置，观察剖切结果
点击按钮，进入答题界面

图 9-56　组合体拼装实验:剖切模型界面

示。

③答题后点击图 9-57 所示界面右侧“提交”按钮，保存实验结果。

④参考本章 2. 1. 3 节(5)的操作方式，查看实验评分结果和提交实验报告。

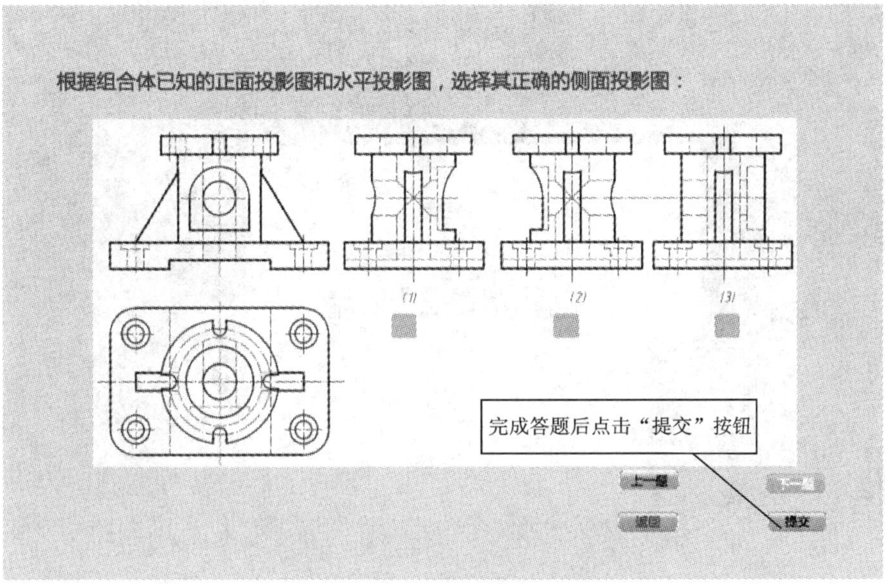

图 9-57　组合体拼装答题界面

3.4　组合体读图虚拟仿真实验

3.4.1　实验目的

通过“组合体读图”虚拟仿真实验，理解利用形体分析法及线面分析法读懂各投影图，想象出物体结构形状的方法。

3.4.2　实验要求

根据给出的组合体半剖视的主视图和俯视图，想象物体的空间结构，学会利用形体分析法，由基本立体模型构建成指定的组合体模型，通过剖视观察组合体的内部结构，选择其正确的全剖视的左视图。

3.4.3　实验工具

计算机、工程图学虚拟仿真实验软件。

3.4.4　实验内容及步骤

(1)进入“组合体读图虚拟仿真实验”模块

①在图 9-10 所示的实验模块中点击“组合体读图虚拟仿真实验”按钮，进入实验。

②在图 9-58 所示的实验任务界面中查看实验任务，点击“确定”按钮，关闭该界面。

(2)“组合体读图”实验步骤

①通过如图 9-59 所示界面左侧视图图标，选择实验用的组合体剖视图。

②点击如图 9-60 所示界面右侧“查看剖视图”按钮，可放大查看所选取的剖视图。点击“关闭”按钮，退出查看剖视图。

③如图 9-61 所示，根据所选择的组合体剖视图，想象物体的空间结构，依次选择界面左侧底板、圆柱、肋板和顶板等可拼装的模型单元，即将其拖到三投影面体系中，搭建组合体虚拟模型。

④按住鼠标中键，观察模型；上下滑动鼠标中键，放大或缩小模型。

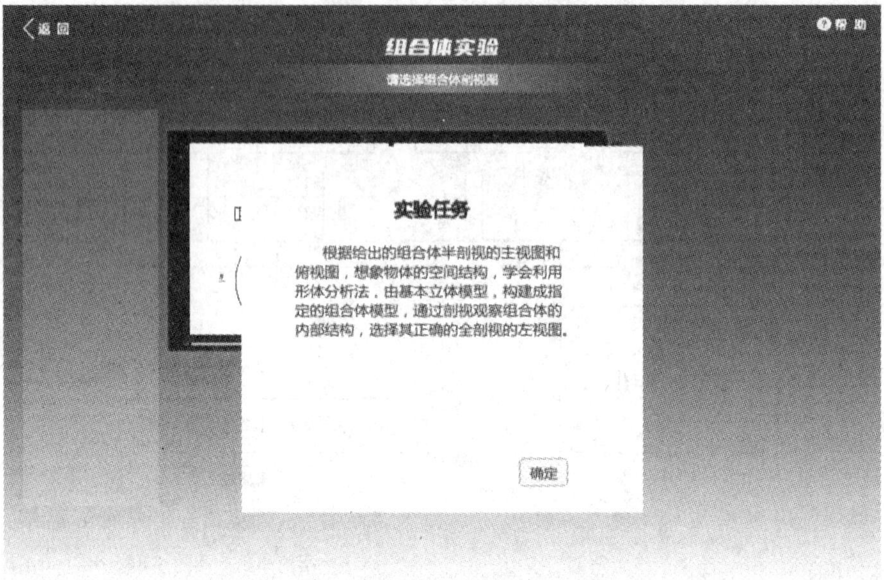
返回
帮助
组合体实验
实验任务
根据给出的组合体半剖视的主视图和俯视图，想象物体的空间结构，学会利用形体分析法，由基本立体模型，构建成指定的组合体模型，通过剖视观察组合体的内部结构，选择其正确的全剖视的左视图。
确定

图 9-58　组合体读图实验:任务界面

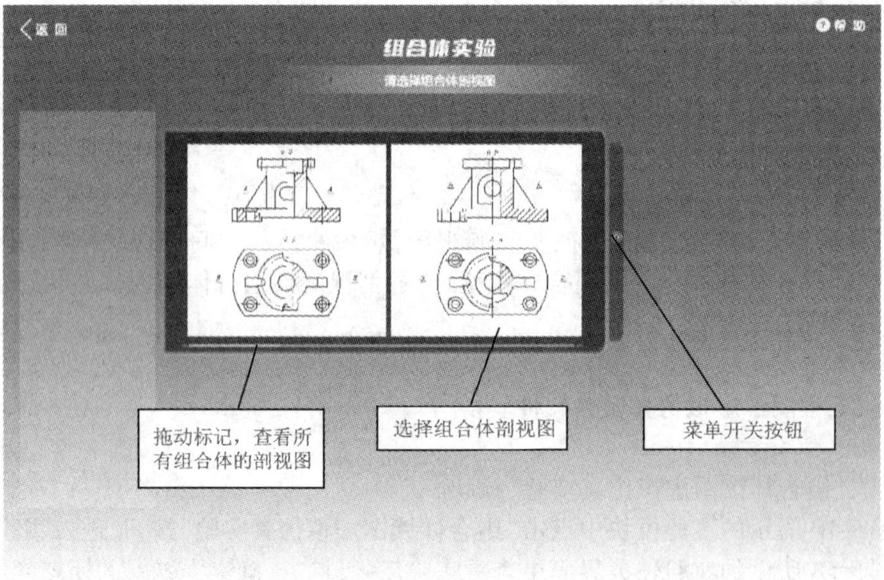
返回
帮助
组合体实验
拖动标记，查看所有组合体的剖视图
选择组合体剖视图
菜单开关按钮

图 9-59　组合体读图实验:选择模型界面

⑤剖切组合体。

i. 点击如图 9-61 所示界面右侧“剖切物体”按钮,剖切模型。

ii. 在搭建的三维组合体模型上,分别用正平面、侧平面和水平面的假想剖切面剖切物体。拖动标记,平移剖切面的位置,观察剖切面在不同位置剖切时物体的内部结构,如图 9-62 所示。

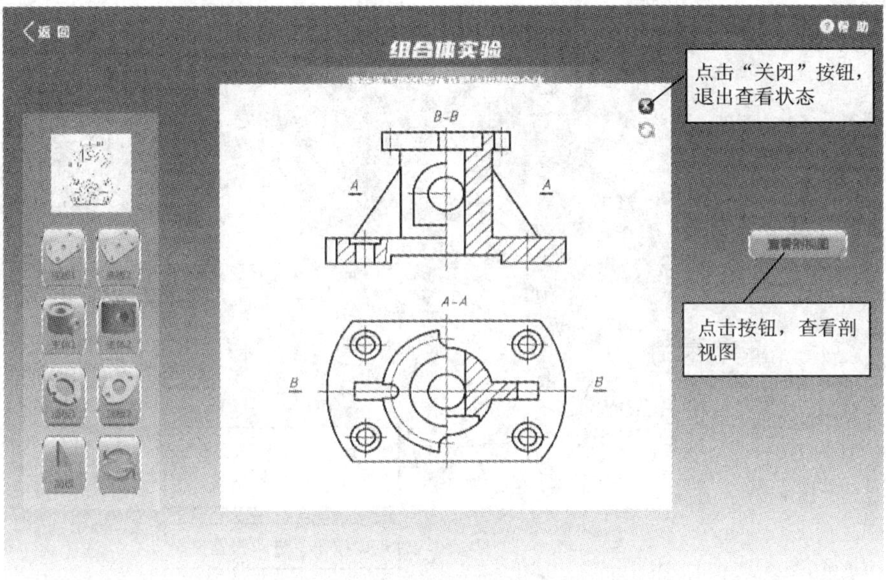
返回
帮助
组合体实验
B-B
A
A
A-A
B
B
点击“关闭”按钮，退出查看状态
点击按钮，查看剖视图

图9-60　组合体读图实验:查看剖视图界面

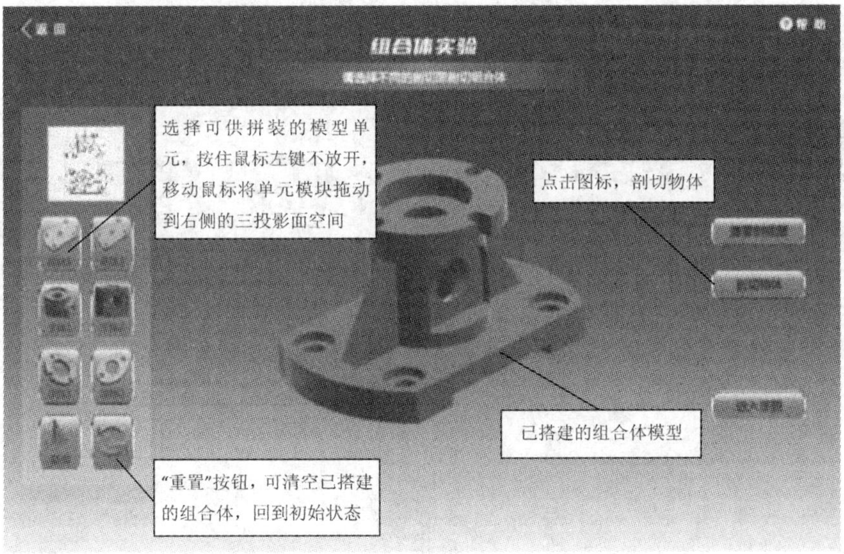
返回
帮助
组合体实验
选择可供拼装的模型单元，按住鼠标左键不放开，移动鼠标将单元模块拖动到右侧的三投影面空间
点击图标，剖切物体
已搭建的组合体模型
“重置”按钮，可清空已搭建的组合体，回到初始状态

图9-61　组合体读图实验:模型搭建界面

(3)“组合体读图”练习题

①点击如图9-62所示界面右侧“进入答题”按钮,进入答题界面。

②根据组合体已知的主视图和俯视图,选择其正确的左视图,如图9-63所示。

③点击如图9-63所示界面右侧“提交”按钮,保存实验结果。

④参考本章2.1.3节(5)的操作方式,查看实验评分结果和提交实验报告。

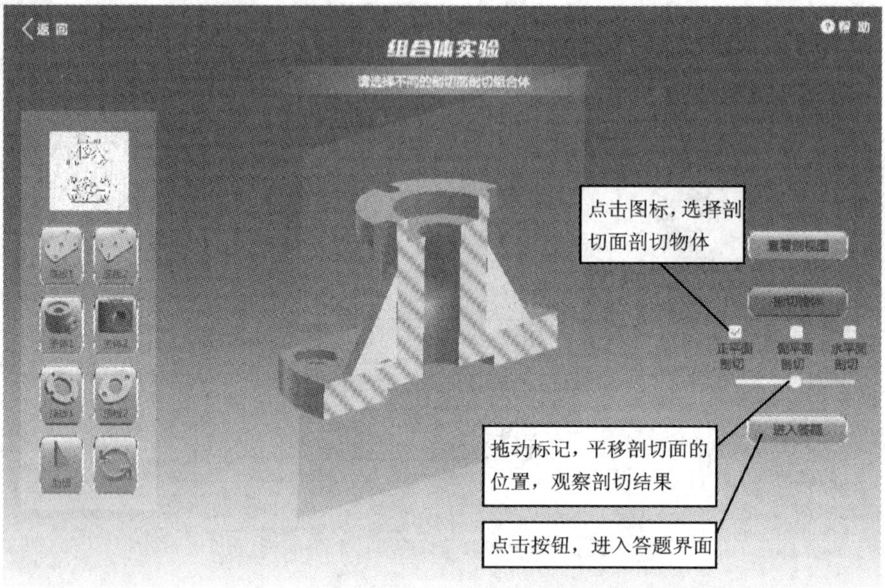
返回
组合体实验
帮助
点击图标，选择剖切面剖切物体
拖动标记，平移剖切面的位置，观察剖切结果
点击按钮，进入答题界面

图 9-62　组合体读图实验:剖切模型界面

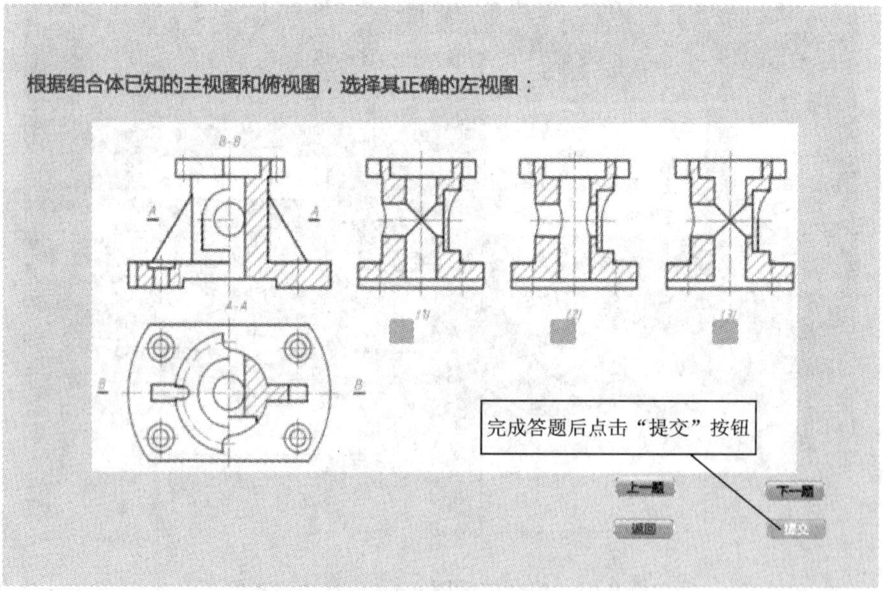
根据组合体已知的主视图和俯视图，选择其正确的左视图：
B-B
A
A
A-A
B
B
(1)
(2)
(3)
完成答题后点击“提交”按钮
上一题
下一题
返回
提交

图 9-63　组合体读图答题界面

4　装配体虚拟仿真实验

4.1　读装配图拼装装配体实验

4.1.1　实验目的

在机器或部件的设计、制造、使用、维修和技术交流中，都会遇到读装配图的问题。因此通过“读装配图拼装装配体”虚拟仿真实验，读者能够了解部件的工作原理与结构组成，以及装配图的图样画法，学会读装配图的方法和步骤。

4.1.2　实验要求

通过阅读所选择部件的工作原理和装配图，观看部件装配动画演示，了解部件的用途、性能、工作原理、结构特点；掌握组成部件的全部零件的名称、数量、基本结构及各零件的相对位置、装配关系。由零件拼装部件模型，完成相关知识练习题。

4.1.3　实验工具

计算机、工程图学虚拟仿真实验软件。

4.1.4　实验内容及步骤

(1)进入“读装配图拼装装配体实验”模块

①在图9-10所示的实验模块中点击“读装配图拼装装配体实验”按钮，进入实验。

②在图9-64所示的实验任务界面中查看实验任务，点击“确定”按钮，关闭该界面。

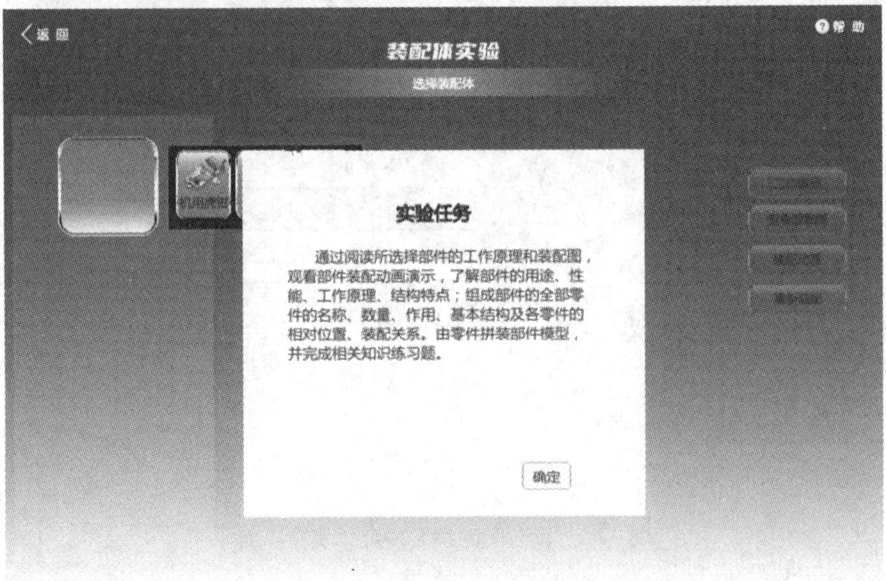
返回
帮助
装配体实验
选择装配体
实验任务
通过阅读所选择部件的工作原理和装配图，观看部件装配动画演示，了解部件的用途、性能、工作原理、结构特点；组成部件的全部零件的名称、数量、作用、基本结构及各零件的相对位置、装配关系。由零件拼装部件模型，并完成相关知识练习题。
确定

图9-64　读装配图拼装装配体实验：任务界面

(2)“读装配图拼装装配体”实验步骤

①通过如图9-65所示界面左侧按钮图标，选择实验用的装配体模型。

②点击如图9-66所示界面右侧“工作原理”按钮，查看所拼装部件的工作原理，如图9-67

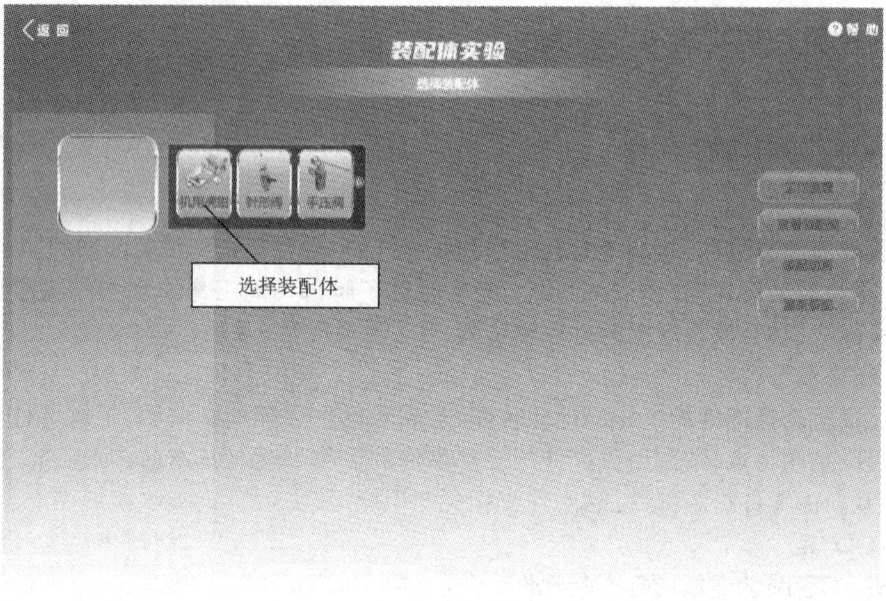

图 9-65 读装配图拼装装配体实验：选择模型界面

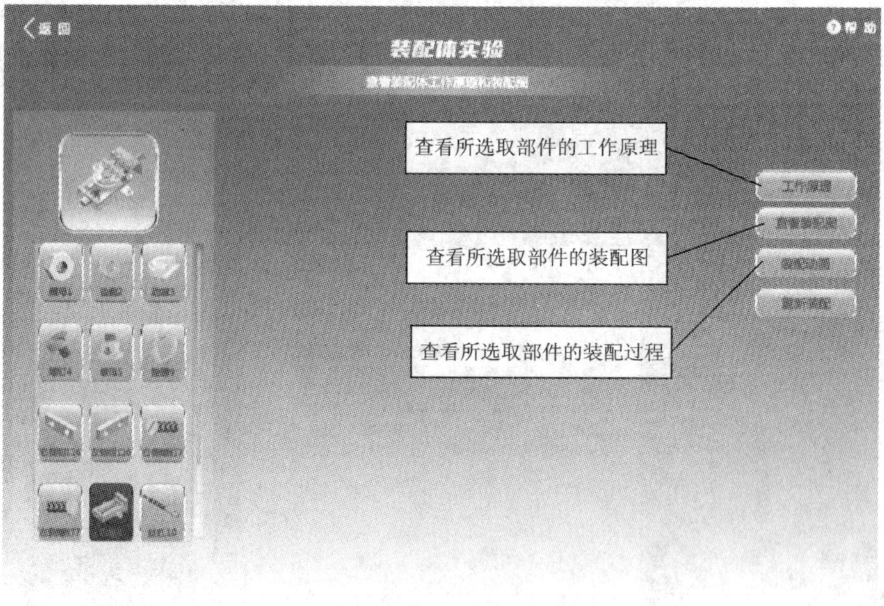

图 9-66 读装配图拼装装配体实验界面

所示；点击“关闭”按钮，返回到拼装界面。

③点击如图 9-66 所示界面右侧“查看装配图”按钮，查看要拼装部件的装配图，如图 9-68 所示；上下滑动鼠标中键，可放大或缩小装配图；点击“关闭”按钮，返回到拼装界面。

④点击如图 9-66 所示界面右侧“装配动画”按钮，查看所拼装部件的装配过程，如图 9-69 所示。装配动画窗口的功能按钮分别设置为：关闭窗口、播放（暂停）、重新播放等；点击“关

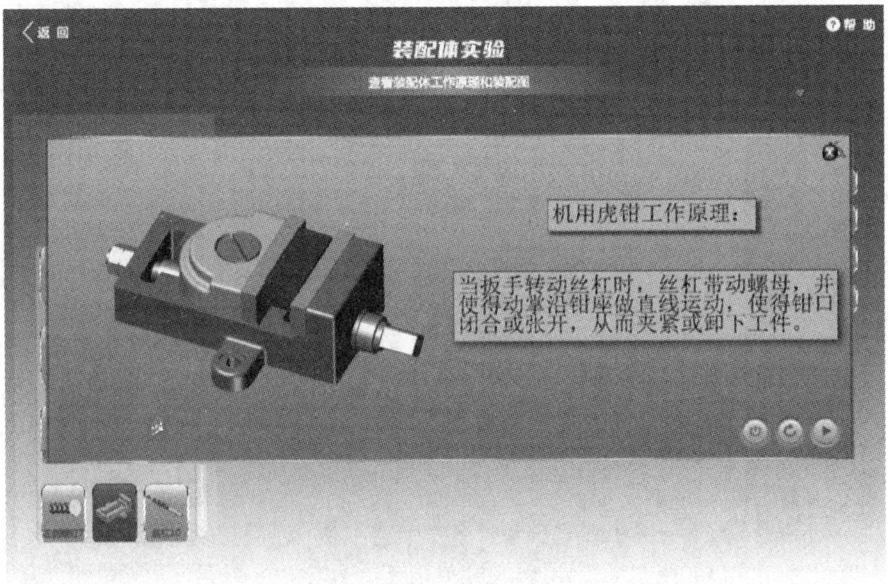
返回
帮助
装配体实验
查看装配体工作原理和装配图
机用虎钳工作原理：
当扳手转动丝杠时，丝杠带动螺母，并使得动掌沿钳座做直线运动，使得钳口闭合或张开，从而夹紧或卸下工件。

图 9-67　显示部件工作原理界面

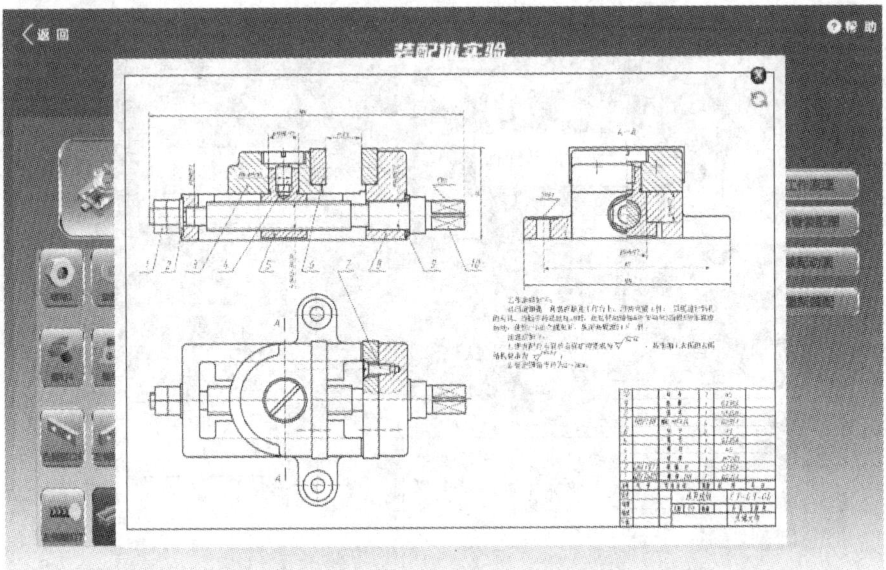
返回
帮助

图 9-68　显示部件装配图界面

闭”按钮，返回到装配体拼装界面。

⑤通过按钮图标，按照部件装配顺序，分别选择界面左侧相应的零件模型（零件图标背景红色即提示为需要选择拼装的零件），将其拖到屏幕中间，搭建部件模型；点击界面右侧“重新装配”按钮，可重新拼装部件，如图 9-70 所示。

⑥按住鼠标中键，可旋转模型；上下滑动鼠标中键，可放大或缩小模型。

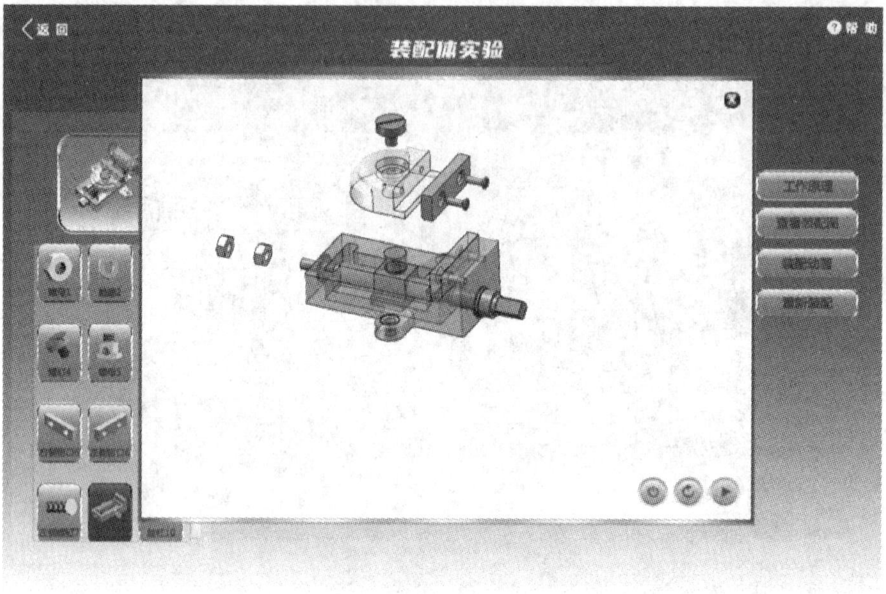
返回
帮助
装配体实验

图 9-69　显示部件拼装动画界面

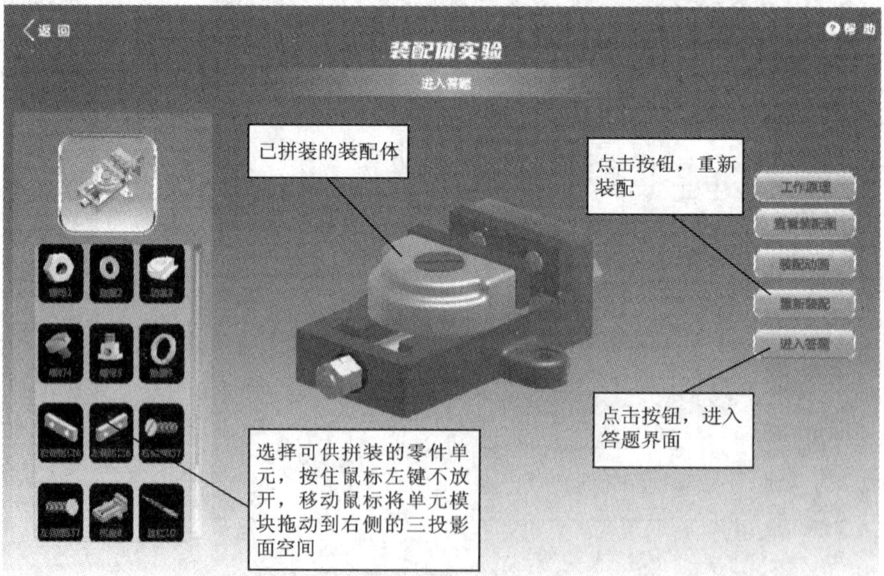
返回
帮助
装配体实验
进入答题
已拼装的装配体
点击按钮，重新装配
点击按钮，进入答题界面
选择可供拼装的零件单元，按住鼠标左键不放开，移动鼠标将单元模块拖动到右侧的三投影面空间

图 9-70　部件拼装界面

(3)“读装配图拼装装配体”练习题

①点击如图 9-70 所示界面右侧“进入答题”按钮,进入答题界面。

②根据所搭建装配体的装配图,选择正确的答案,如图 9-71 所示。

③答题后点击如图 9-71 所示界面右侧“提交”按钮,保存实验结果。

④参考本章 2. 1. 3 节(5)的操作方式,查看实验评分结果和提交实验报告。

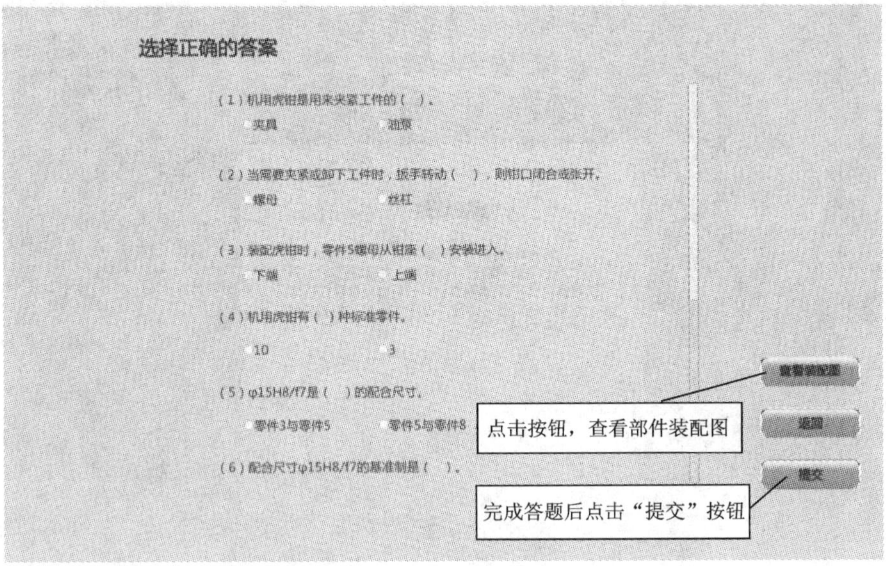
选择正确的答案
(1)机用虎钳是用来夹紧工件的( )。
夹具
油泵
(2)当需要夹紧或卸下工件时，扳手转动( )，则钳口闭合或张开。
螺母
丝杠
(3)装配虎钳时，零件5螺母从钳座( )安装进入。
下端
上端
(4)机用虎钳有( )种标准零件。
10
3
(5)φ15H8/f7是( )的配合尺寸。
零件3与零件5
零件5与零件8
(6)配合尺寸φ15H8/f7的基准制是( )。
点击按钮，查看部件装配图
完成答题后点击“提交”按钮
提交

图9-71 读装配图拼装装配体答题界面

4.2 读装配图拆画零件图实验

4.2.1 实验目的

通过“读装配图拆画零件图”虚拟仿真实验，在读懂装配图的基础上，学会由装配图拆画零件图的方法和步骤。

4.2.2 实验要求

读懂所选择部件的装配图，观看部件的分解动画演示；选择要拆画的零件，剖切该零件，弄清零件的作用和结构形状；分析确定零件图的表达方案，注写零件的尺寸及技术要求，并完成相关知识练习题。

4.2.3 实验工具

计算机、工程图学虚拟仿真实验软件。

4.2.4 实验内容及步骤

(1)进入“读装配图拆画零件图实验”模块

①在图9-10所示的实验模块中点击“读装配图拆画零件图实验”按钮，进入实验。

②在图9-72所示的实验任务界面中查看实验任务，点击“确定”按钮，关闭该界面。

(2)“读装配图拆画零件图”实验步骤

①通过如图9-73所示界面左侧按钮图标，选择实验用的装配体模型。

②点击如图9-74所示屏幕右侧“查看装配图”按钮，查看所选取部件的装配图，如图9-75所示；上下滑动鼠标中键，可放大或缩小装配图；点击“关闭”按钮，返回到三维模型界面。

③点击如图9-74所示屏幕右侧“分解动画”按钮，查看所选部件的拆卸过程，如图9-76所示。动画窗口的功能按钮分别设置为：关闭窗口、播放（暂停）、重新播放等。点击“关闭”按钮，返回到三维模型界面。

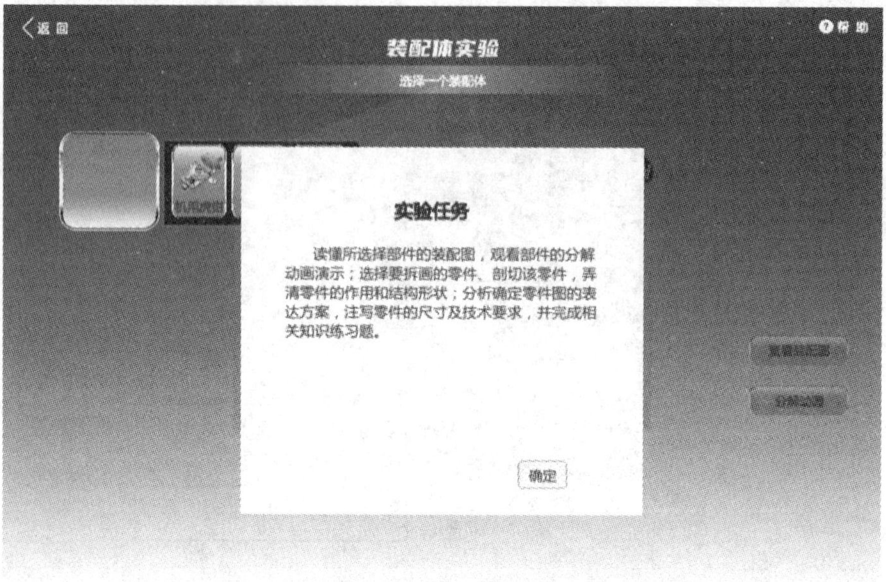
返回
帮助
装配体实验
选择一个装配体
实验任务
读懂所选择部件的装配图，观看部件的分解动画演示；选择要拆画的零件、剖切该零件，弄清零件的作用和结构形状；分析确定零件图的表达方案，注写零件的尺寸及技术要求，并完成相关知识练习题。
确定

图 9-72　读装配图拆画零件图实验:任务界面

返回
帮助
装配体实验
选择一个装配体
选择装配体

图 9-73　读装配图拆画零件图实验:选择模型界面

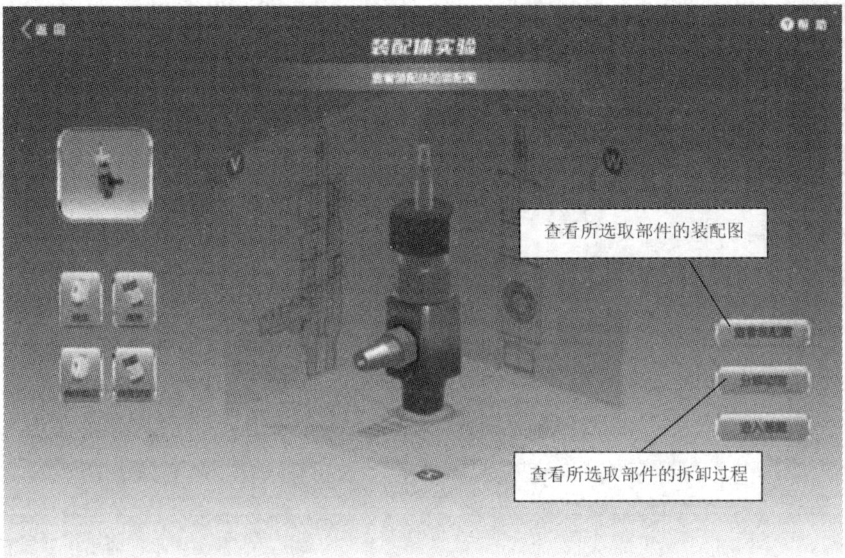

图 9-74　读装配图拆画零件图实验界面

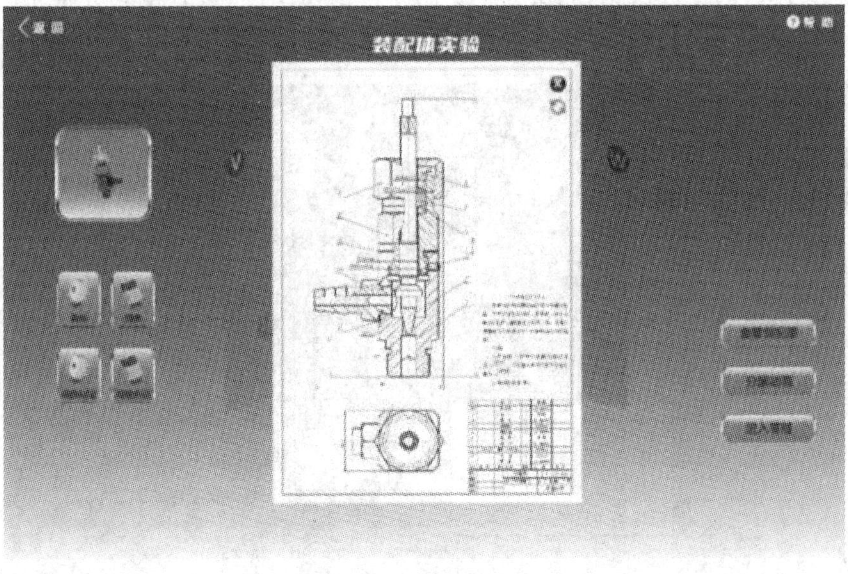

图 9-75　显示部件装配图界面

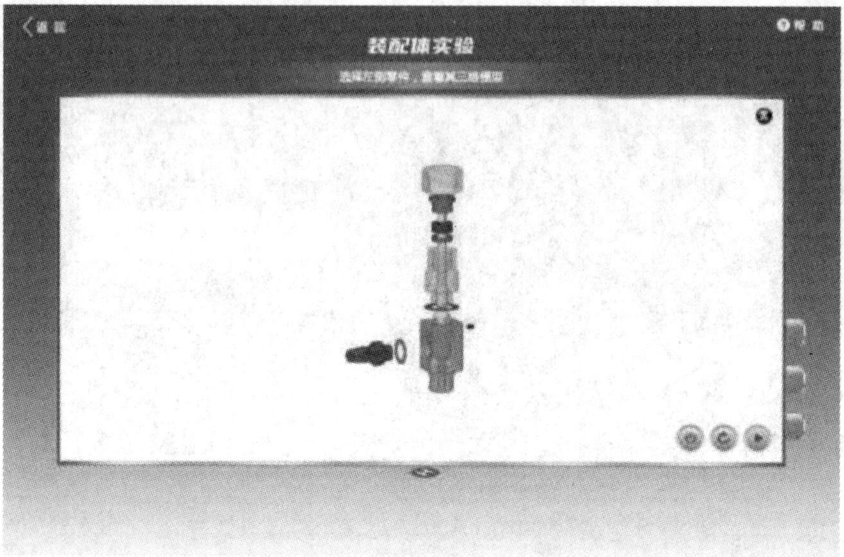
装配体实验

图 9-76 显示部件拆卸动画界面

④选择需要拆画的零件模型，点击屏幕左侧零件按钮图标，将其拖到屏幕中间，观察分析所选零件在部件中的作用和结构，确定零件图的表达方案，如图 9-77 所示。

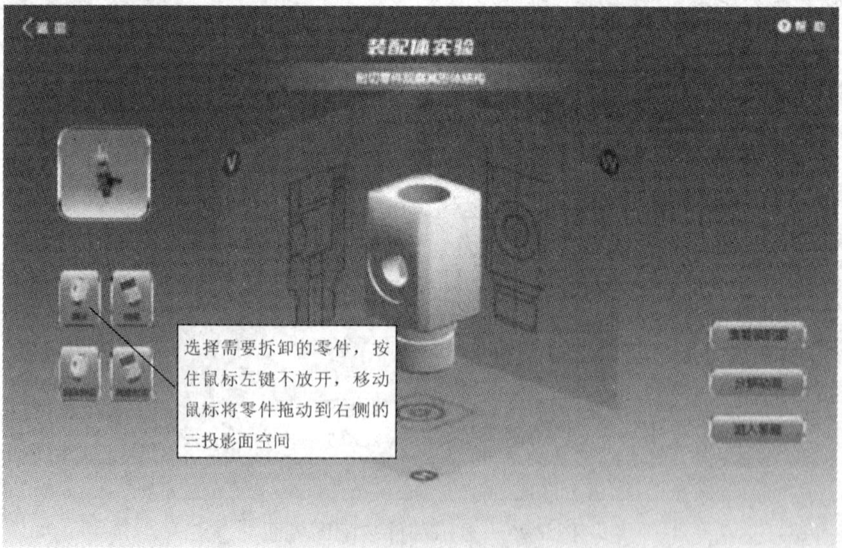
装配体实验
选择需要拆卸的零件，按住鼠标左键不放开，移动鼠标将零件拖动到右侧的三投影面空间

图 9-77 零件结构及视图表达界面

⑤按住鼠标中键，可旋转模型；上下滑动鼠标中键，可放大或缩小模型。

⑥剖切零件。

i. 如图 9-78 所示，选择界面左侧要拆卸的零件，将其拖到屏幕中间。

ii. 点击界面右侧按钮，分别用正平面、侧平面、水平面等假想剖切面剖切零件，观察分析所选零件的内部结构。拖动界面右侧移动标记，平移剖切面的位置，观察、比较在不同位置剖

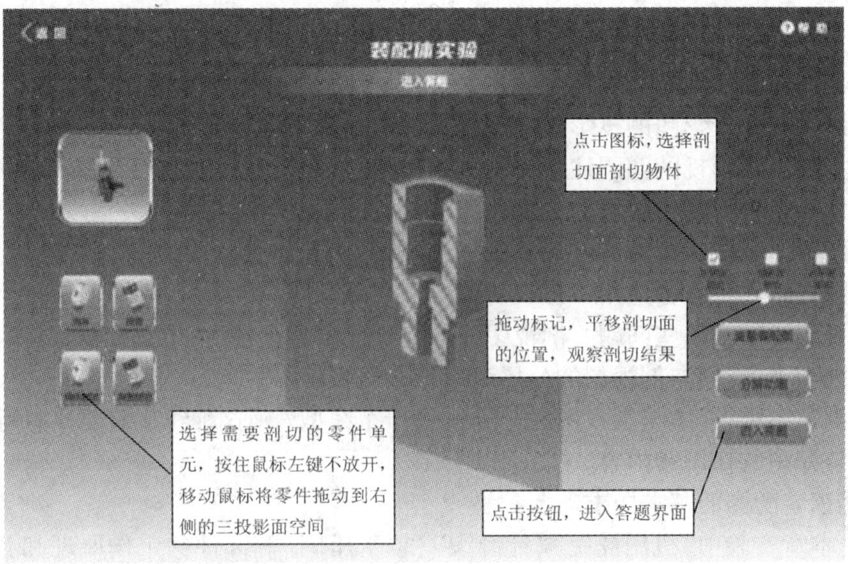
装配体实验
点击图标，选择剖切面剖切物体
拖动标记，平移剖切面的位置，观察剖切结果
选择需要剖切的零件单元，按住鼠标左键不放开，移动鼠标将零件拖动到右侧的三投影面空间
点击按钮，进入答题界面

图 9-78　剖切零件界面

切后的组合体的内部结构。

(3)“读装配图拆画零件图”练习题

①点击如图 9-78 所示屏幕右侧“进入答题”按钮，进入“读装配图拆画零件图实验”答题界面。

②根据所选择装配体的装配图来选择正确答案，如图 9-79 所示。

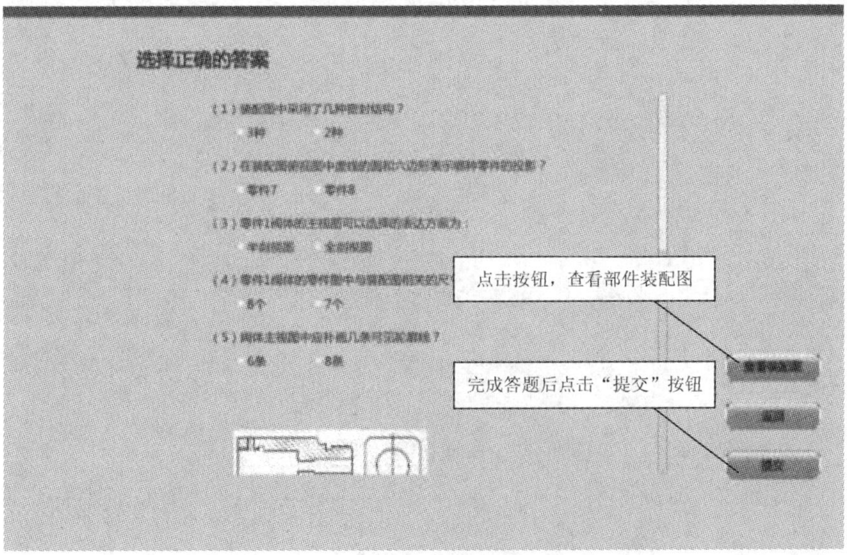
选择正确的答案
点击按钮，查看部件装配图
完成答题后点击“提交”按钮

图 9-79　读装配图拆画零件图答题界面

③答题后点击如图 9-79 所示界面右侧“提交”按钮，保存实验结果。

④参考本章 2.1.3 节(5)的操作方式，查看实验评分结果和提交实验报告。

思考题

1. 正投影法三面投影图的投影规律是什么？简述其具体含义。

2. 机械零件上常出现的两圆柱正交相贯结构，相贯线及其投影有几种基本情况？

3. 组合体的组合方式一般可分为哪几种？它们的画法各有何特点？

4. 试述用形体分析法画图、读图和标注尺寸的方法和步骤。

5. 剖视图有哪几种？各适用于什么情况？

6. 画剖视图要注意哪些问题？剖视图应如何标注？什么情况下可省略标注？

7. 半剖视图中，视图与剖视图的分界线是什么线型？

8. 局部剖视图中，视图与剖视图的分界线是什么线型？画这种线型时要注意哪些问题？

9. 简述装配图的作用和内容。

10. 简述读装配图的基本要求。

11. 简述本章实验中“机用虎钳”“针型阀”和“手压阀”等部件的工作原理和各部件的拆、装顺序。

12. 简述由装配图拆画零件图时，如何确定零件图的表达方案？如何确定零件图的尺寸？如何标注零件的公差带代号？

附 录

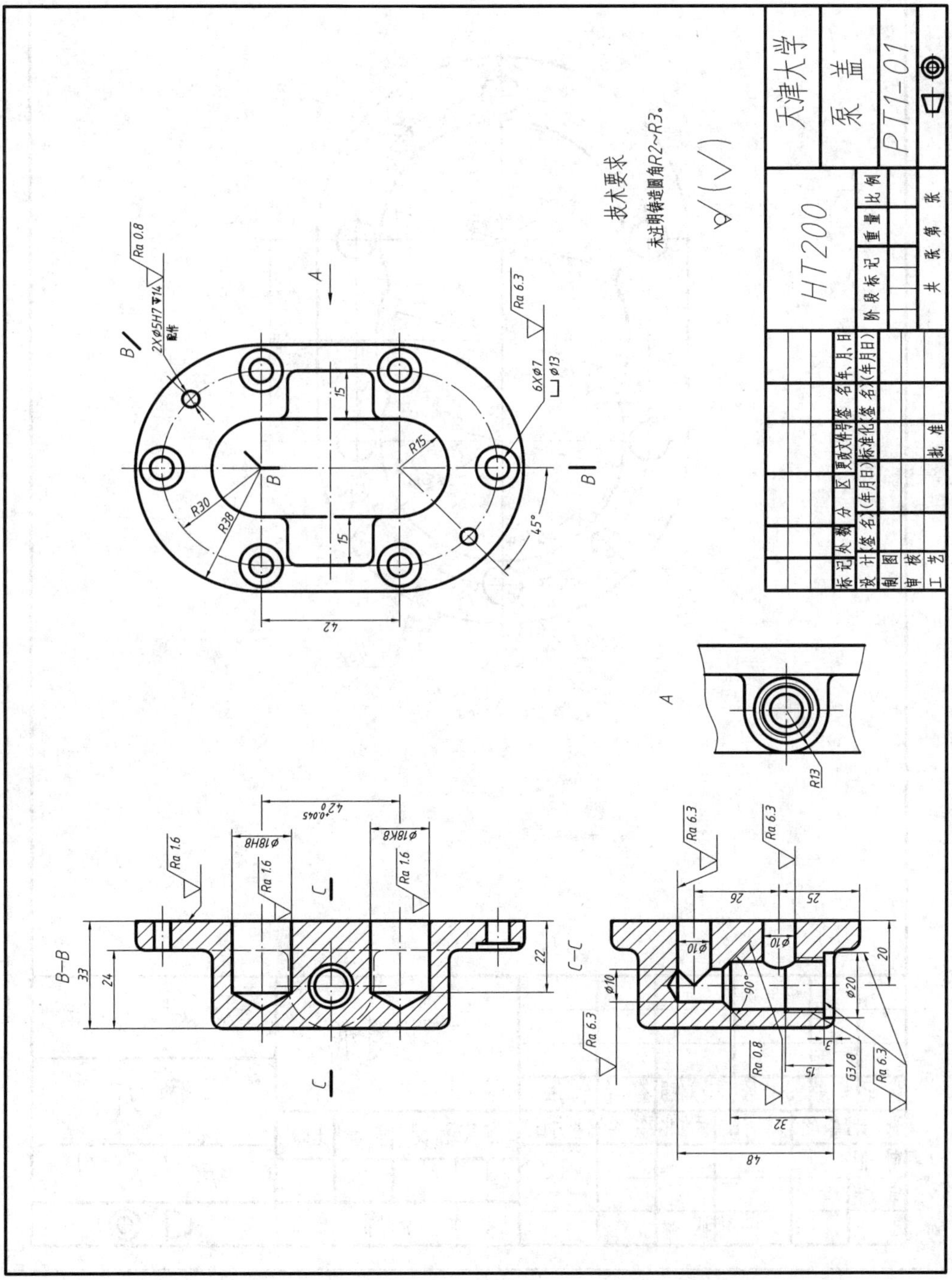

附图1 齿轮泵零件1泵盖

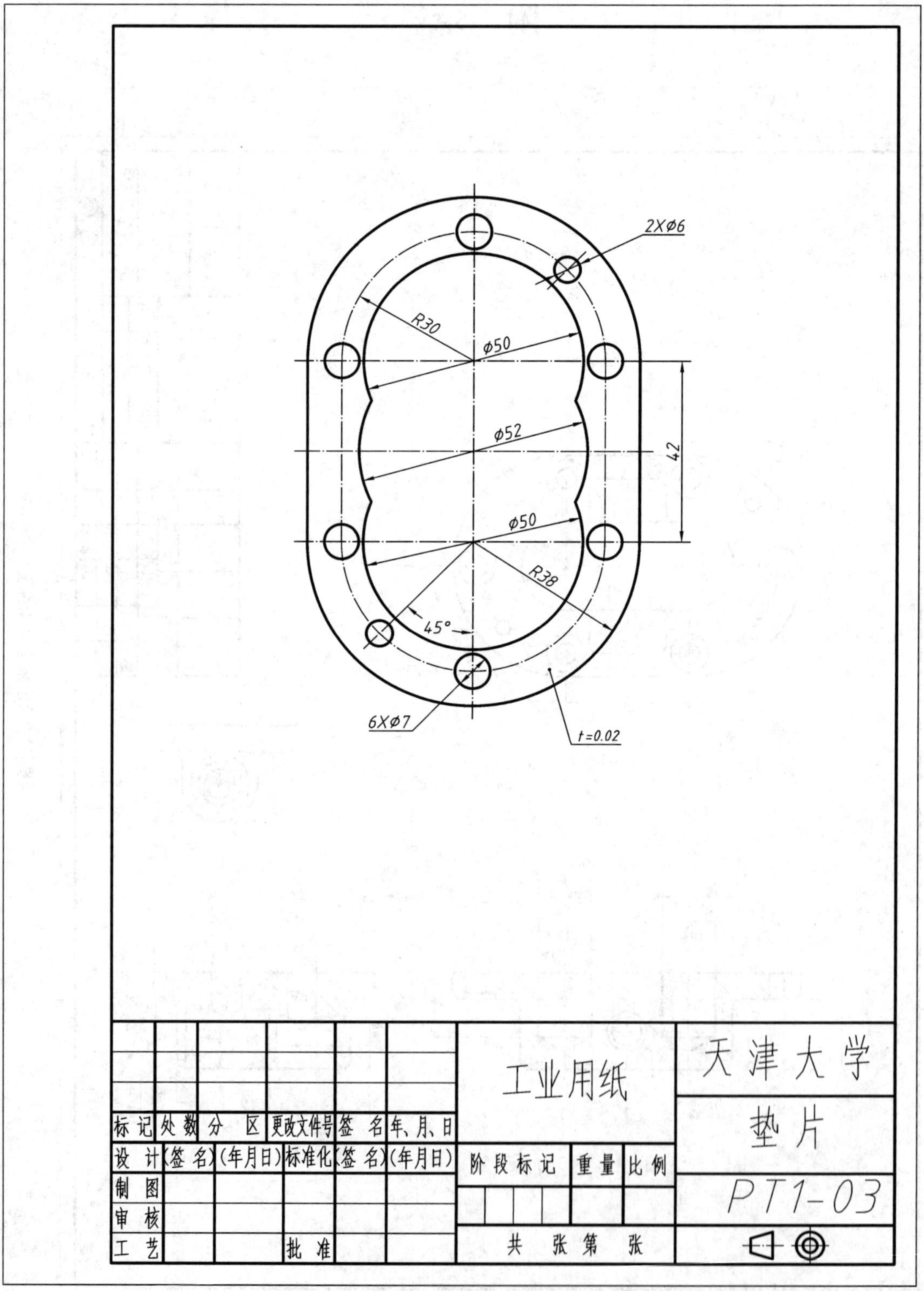

附图2　齿轮泵零件3垫片

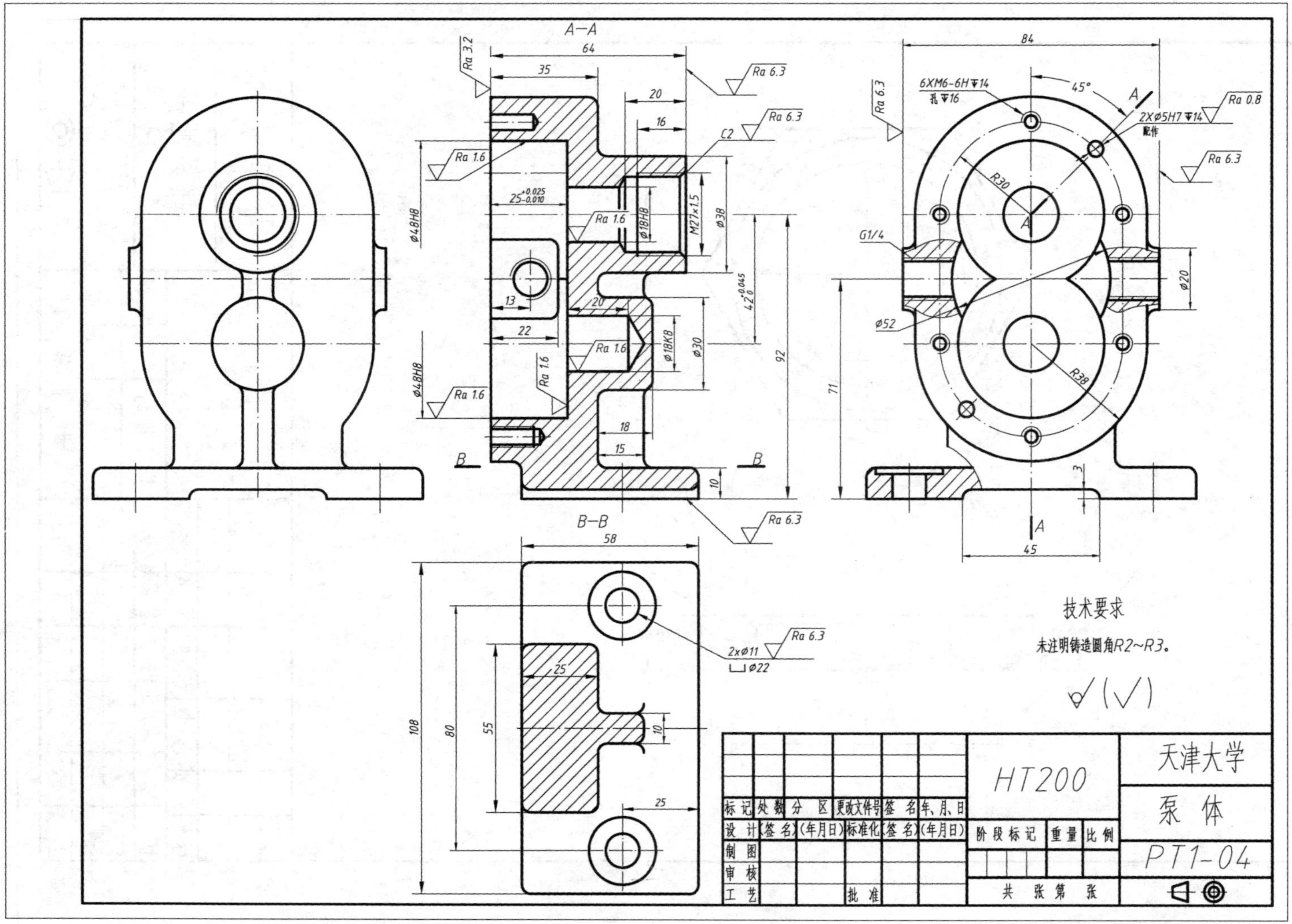

附图3 齿轮泵零件4泵体

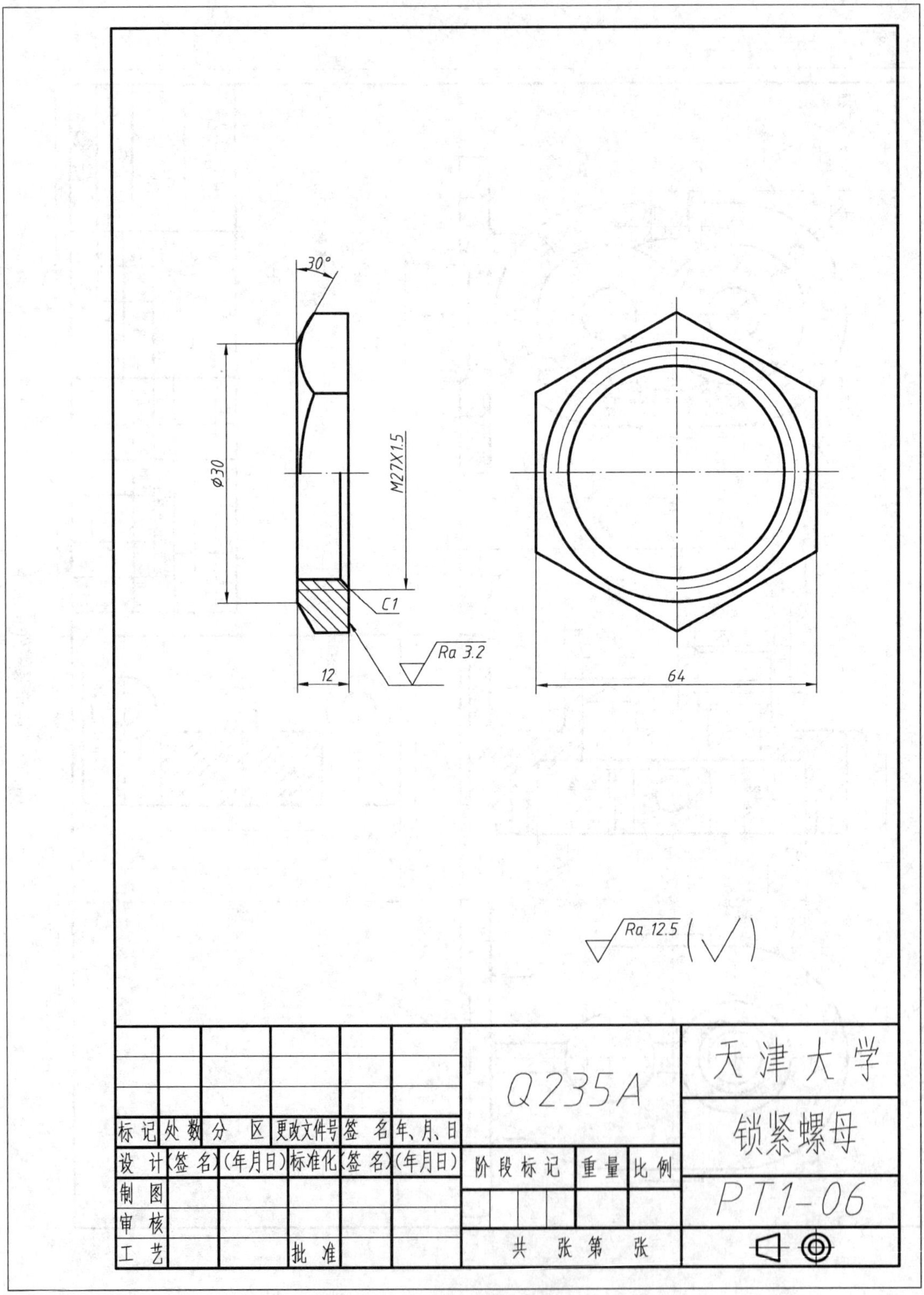

附图 4　齿轮泵零件 6 锁紧螺母

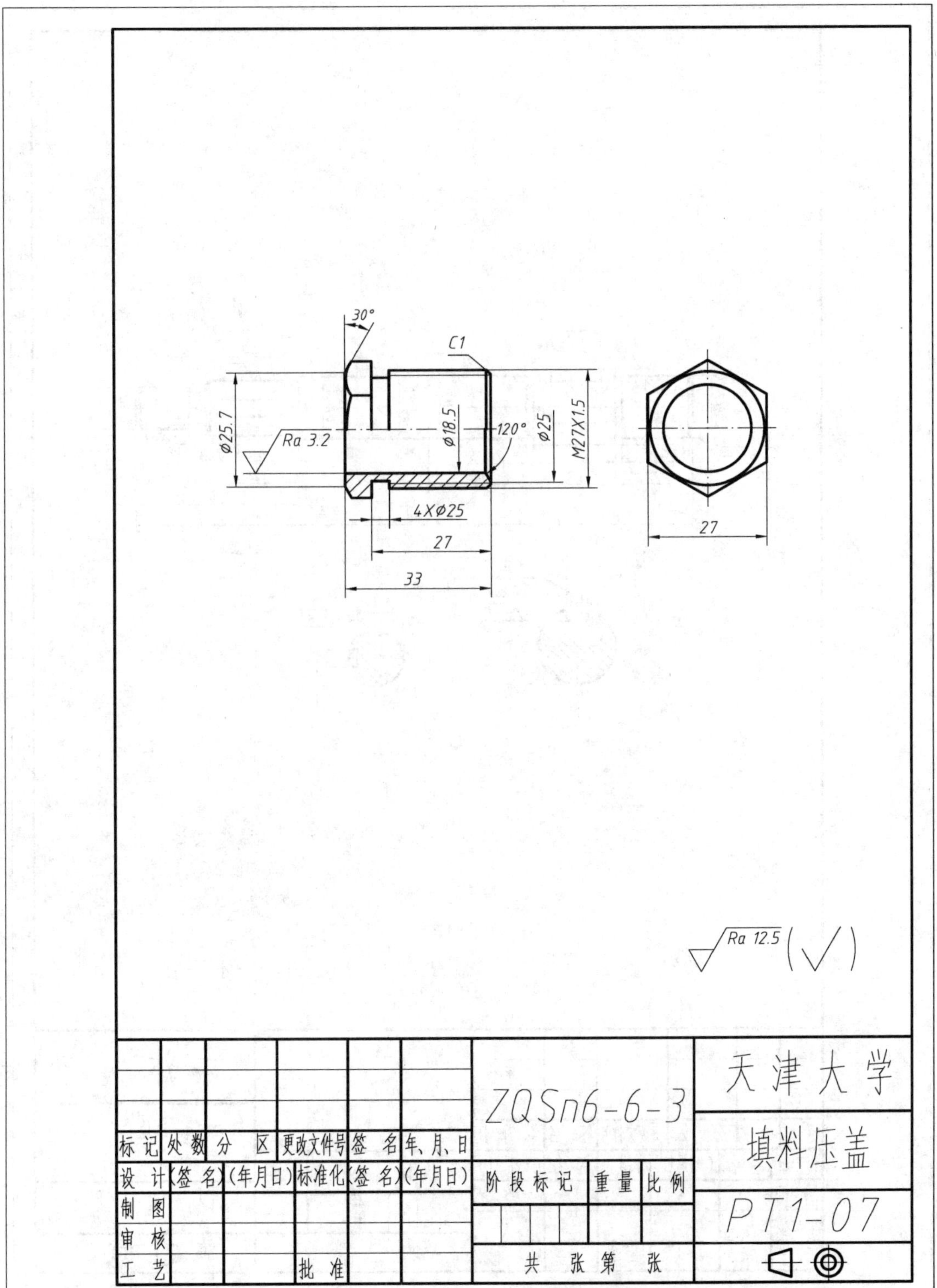

附图 5　齿轮泵零件 7 填料压盖

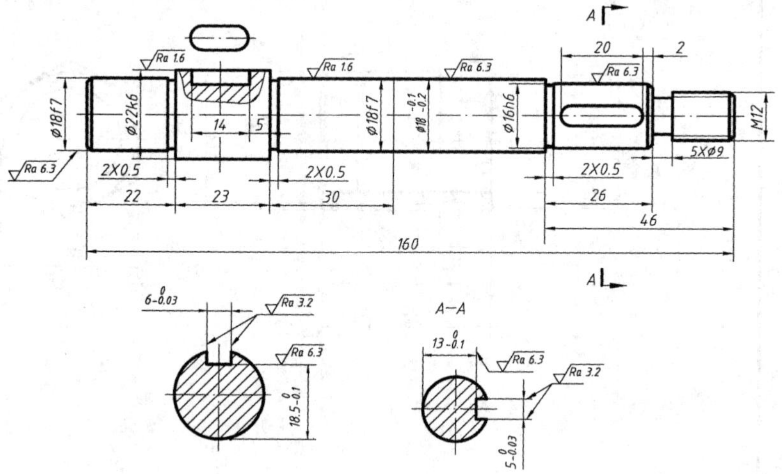

技术要求

1.全部倒角C1。

2.调质处理220-250HBW。

$\sqrt{Ra\ 12.5}$ ($\sqrt{}$)

标记	处数	分区	更改文件号	签名	年、月、日	45		天津大学
设计	(签名)	(年月日)	标准化	(签名)	(年月日)	阶段标记	重量	比例	主动轴
制图									PT1-08
审核									
工艺			批准			共 张 第 张			

附图6　齿轮泵零件8 主动轴

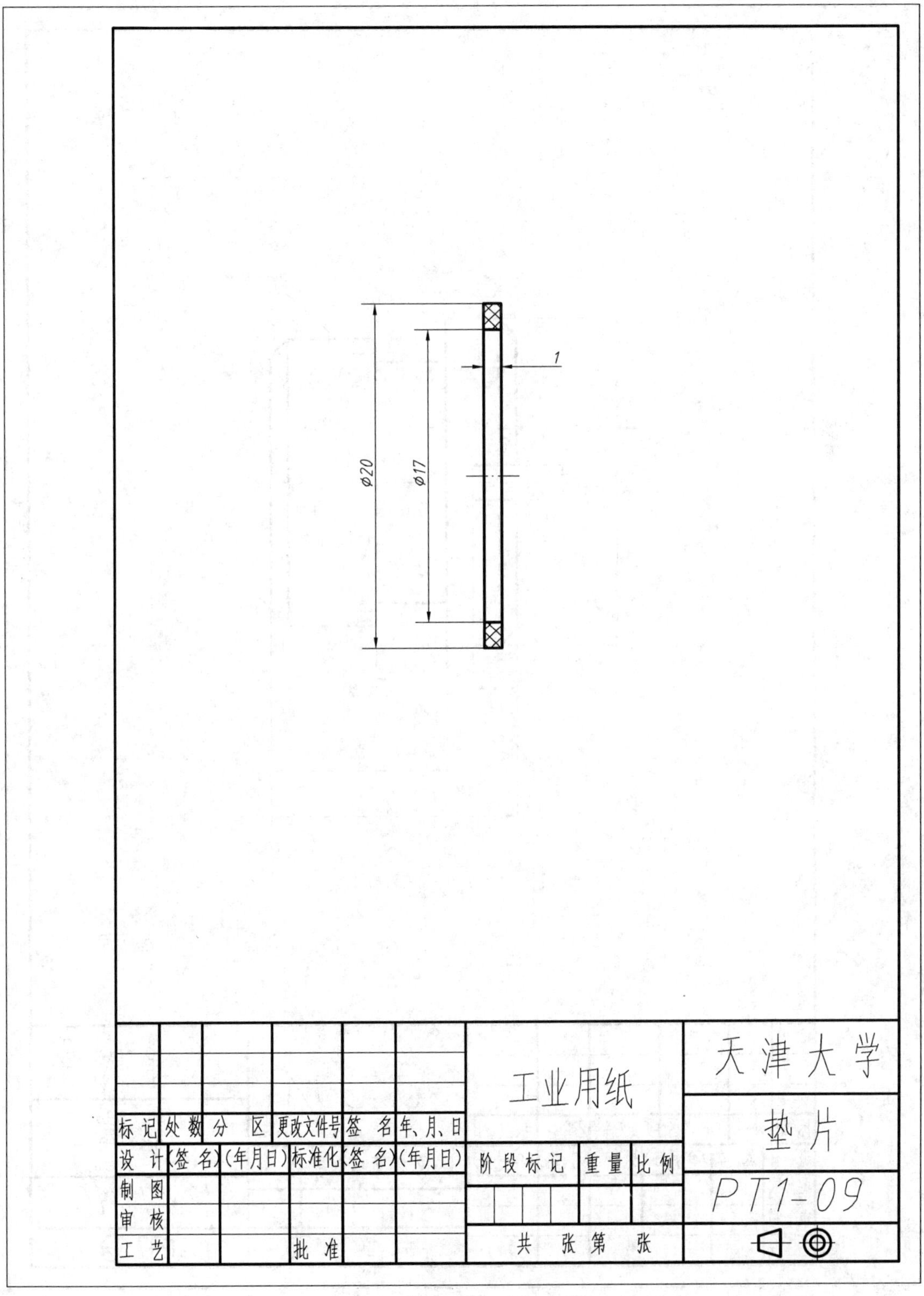

附图7 齿轮泵零件9 垫片

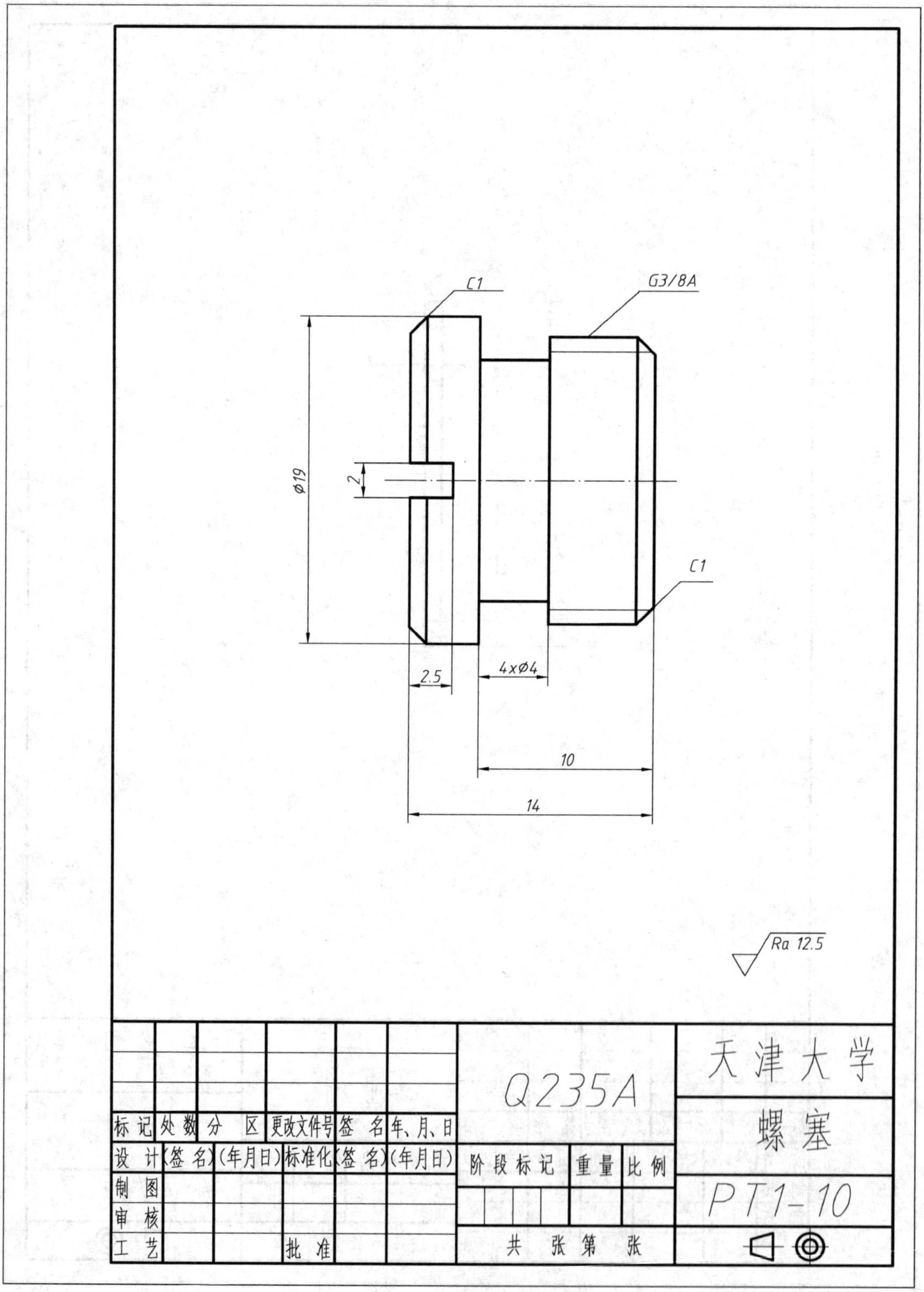

附图 8　齿轮泵零件 10 螺塞

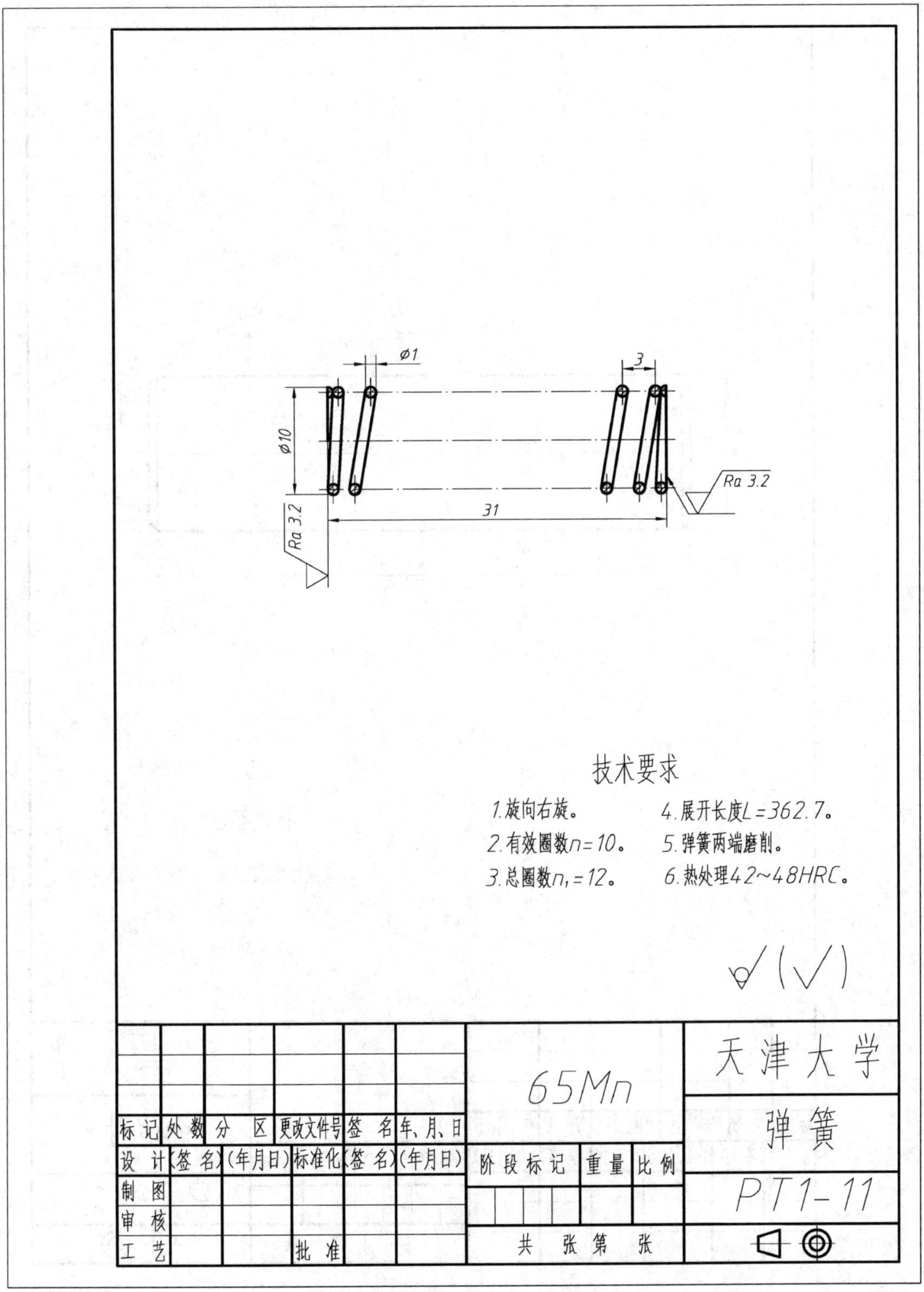

附图 9 齿轮泵零件 11 弹簧

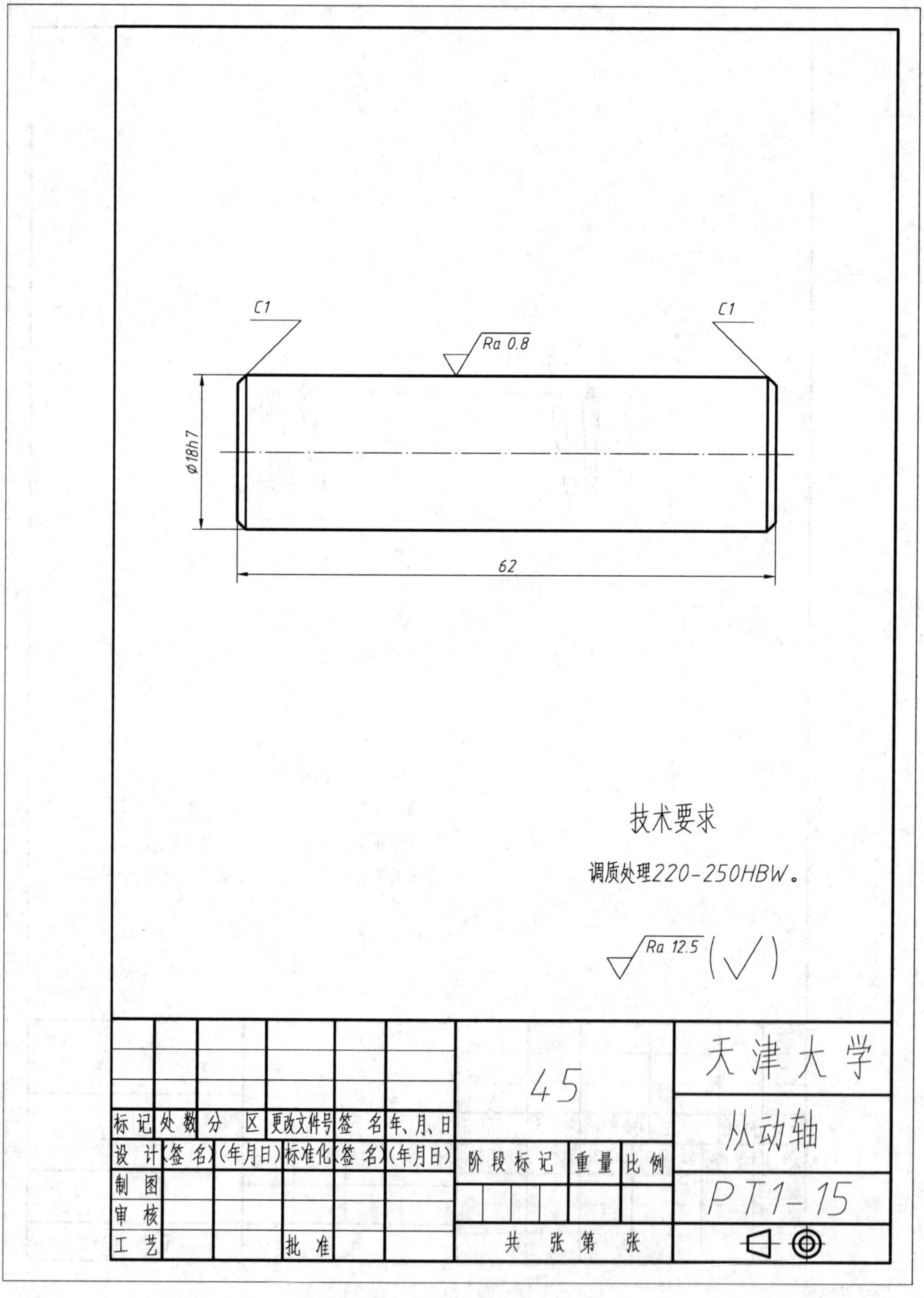

附图10 齿轮泵零件15从动轴

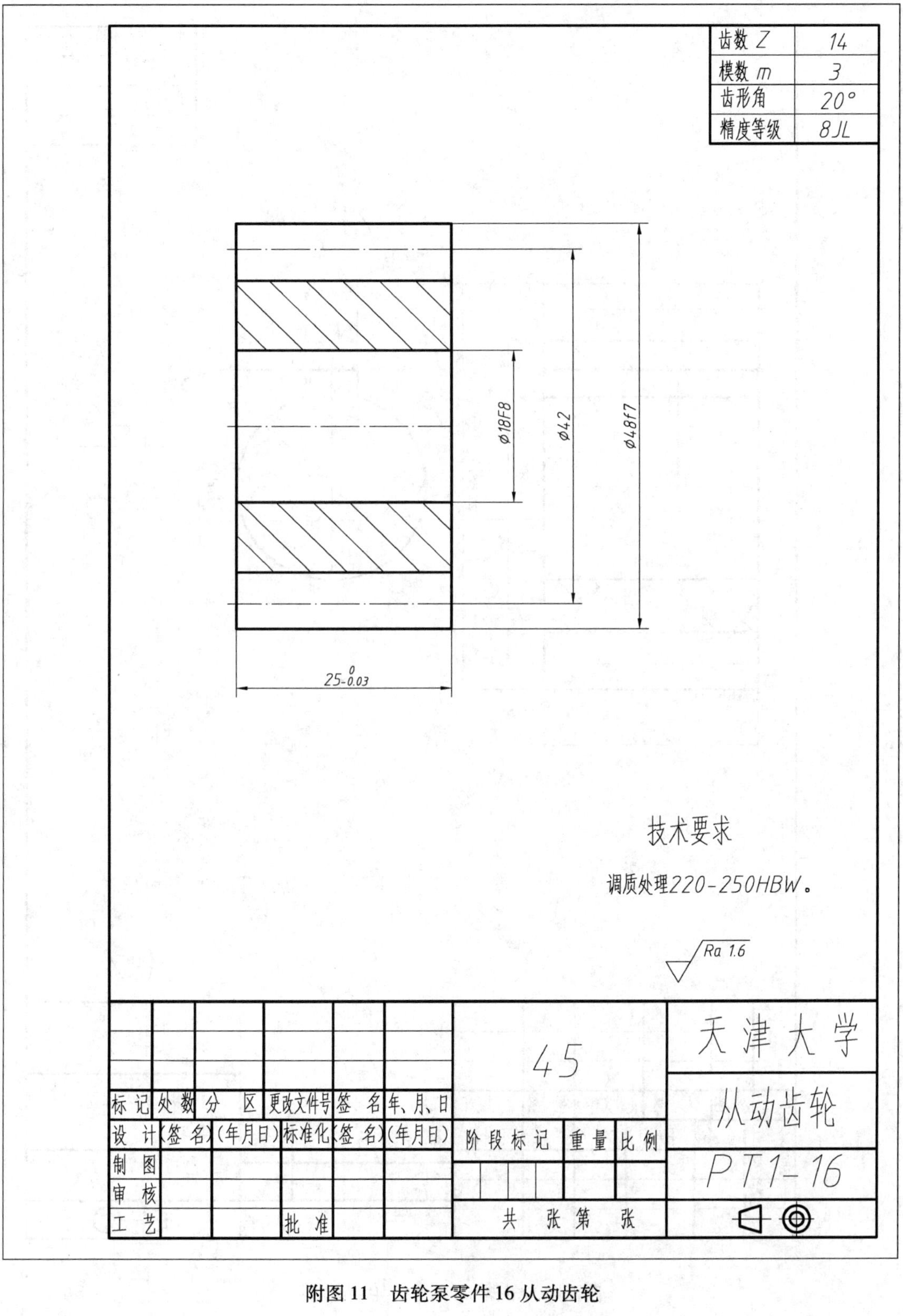

附图 11　齿轮泵零件 16 从动齿轮

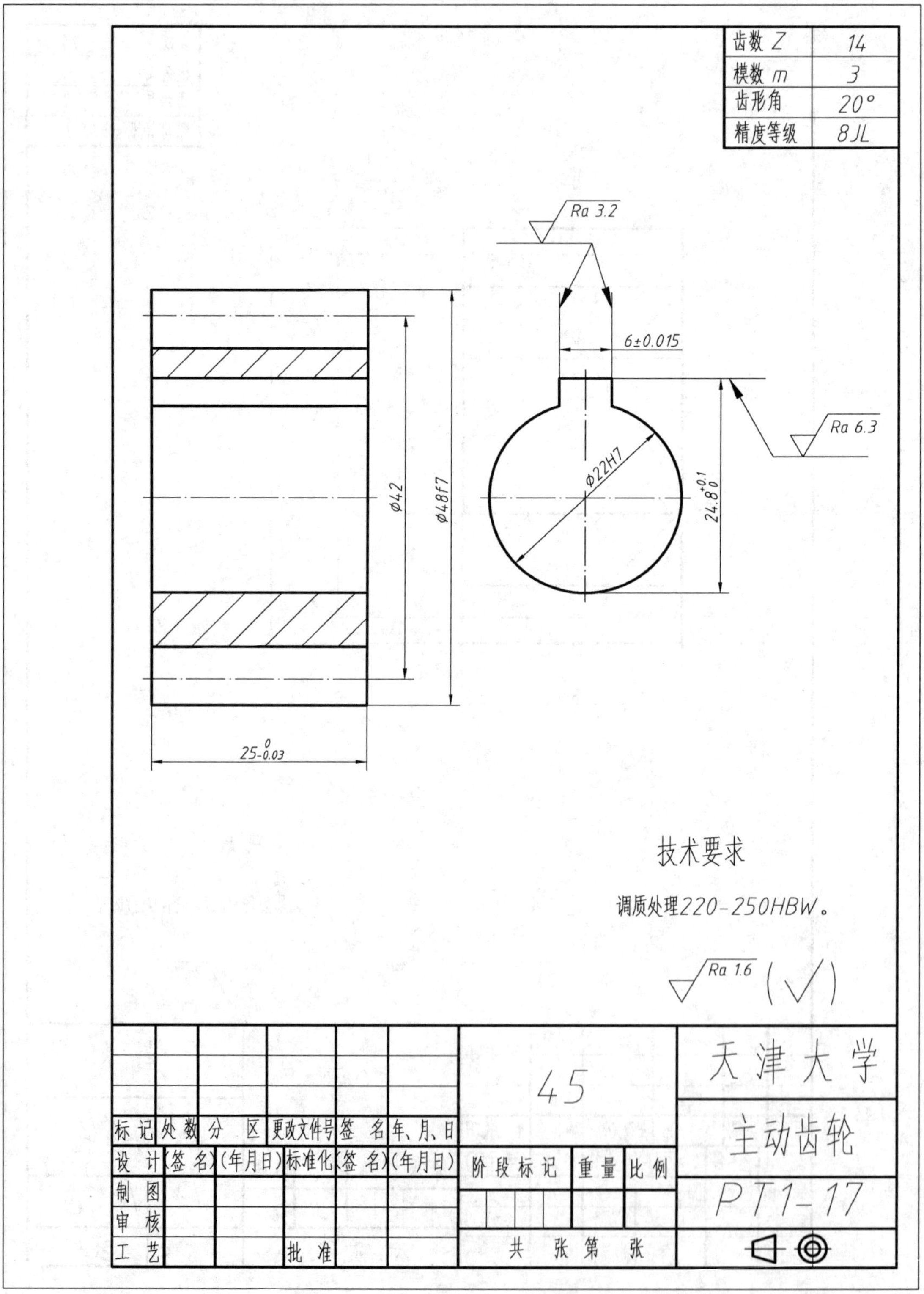

附图 12 齿轮泵零件 17 主动齿轮

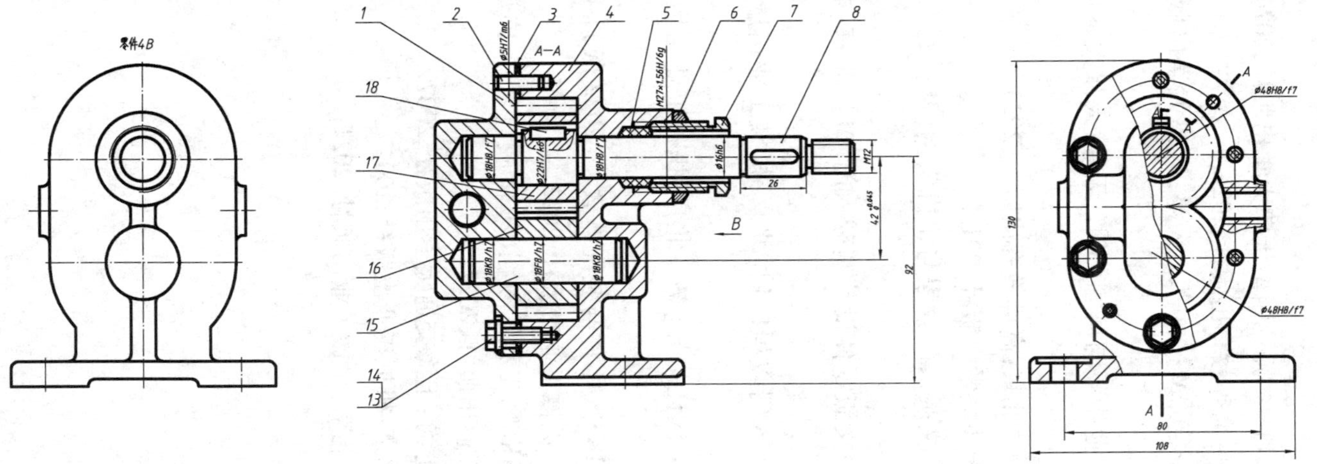

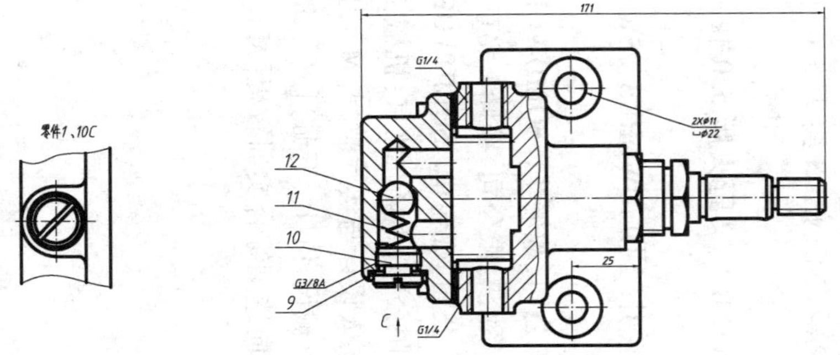

序号	代号	名称	数量	材料	单件	总计	备注
18	GB/T 1096	键 6X6X14	1	45			
17		主动齿轮	1	45			m=3,z=14
16		从动齿轮	1	45			m=3,z=14
15		从动轴	1	45			
14	GB/T 97.1	垫圈 6	6	Q235A			
13	GB/T 5783	螺栓 M6×20	6	Q235A			
12	GB/T 308	钢球 $\frac{1}{2}$"CⅢ	1	GCr6			
11		弹簧	1	65Mn			
10		螺塞	1	Q235A			
9		垫片	1	工业用纸			
8		主动轴	1	45			
7		填料压盖	1				
6		锁紧螺母	1	Q235-A			
5		填料		石棉线			
4		泵体	1	HT200			
3		垫片	1	工业用纸			
2	GB/T119	圆柱销 5X20	2	35			
1		泵盖	1	HT200			

标记 处数 分区 更改文件号 签名 年、月、日		天津大学
设计 签名 (年月日) 标准化 签名 (年月日)	阶段标记 重量 比例	齿轮泵
制图		PT1-00
审核		
工艺 批准	共 张 第 张	

技术要求

1.油泵额定压力为14.0MPa,当转速为950r/min时,最大输油量为15l/min。

2.泵盖与齿轮的端面间隙为0.05–0.1mm,间隙用垫片调节。

3.油泵装配好后,用手转动主动齿轮轴,不得有卡阻现象。

4.不应有渗漏现象。

附图13 齿轮泵装配图

参考文献

[1] 徐健,姜杉,王延辉,等. 机械制图(非机类)[M]. 4 版. 天津:天津大学出版社,2024.

[2] 姜杉,徐健,景秀并. 现代工程图学[M]. 北京:高等教育出版社,2024.

[3] 姜杉,喻宏波,徐健. 机械制图习题集(非机类)[M]. 4 版. 天津:天津大学出版社,2024.

[4] 喻宏波,景秀并. 机械制图习题集(非机类)作业指导与解答[M]. 天津:天津大学出版社,2010.

[5] 徐健,姜杉,喻宏波. 现代工程图学习题集[M]. 北京:高等教育出版社,2023.

[6] 何改云. AutoCAD 2010 绘图基础[M]. 天津:天津大学出版社,2013.

[7] 林清安. 完全精通 Pro/ENGINEER 野火 5.0 中文版入门教程与手机实例[M]. 北京:电子工业出版社,2010.

[8] 林清安. 完全精通 Pro/ENGINEER 野火 5.0 中文版零件设计基础入门[M]. 北京:电子工业出版社,2010.

[9] 詹友刚. Pro/ENGINEER 中文野火版 5.0 快速入门教程[M]. 北京:机械工业出版社,2010.

[10] 王琼, 严海军, 麻东升. SOLIDWORKS CSWA 认证指导[M]. 北京:机械工业出版社,2021.

[11] DS SOLIDWORKS® 公司,戴瑞华. SOLIDWORKS® 零件与装配体教程(2022 版)[M]. 杭州新迪数字工程系统有限公司,编译. 北京:机械工业出版社,2022.

[12] DS SOLIDWORKS® 公司,戴瑞华. SOLIDWORKS® 工程图教程(2022 版)[M]. 杭州新迪数字工程系统有限公司,编译. 北京:机械工业出版社,2022.

[13] 曲凌. 慧鱼创意机器人设计与实践教程[M]. 上海:上海交通大学出版社,2007.

[14] 张策. 机械原理与机械设计(上、下册)[M]. 北京:机械工业出版社,2004.

[15] 刘明俊,陈吉祥. 逆向造型综合实训教程[M]. 北京:机械工业出版社,2021.